Kosmos-Atlas

Gesteine, Mineralien und Fossilien

Kosmos-Atlas

Gesteine, Mineralien und Fossilien

Chris Pellant

Fotos von Roger Phillips
und Chris Pellant
Layout von Jill Bryan

Aus dem Englischen von
Gerd Hintermaier-Erhard

Franckh-Kosmos

Danksagung

Ohne die tatkräftige Unterstützung vieler wäre es undenkbar gewesen, ein so komplexes Buch wie das vorliegende zu schreiben. Mein besonderer Dank gilt Herrn Prof. Gilbert Kelling und seinem Lehrkörper von der Geologischen Fakultät der Universität Keele, Großbritannien, für die Leihgabe zahlreicher Handstücke zum Zwecke der Ablichtung, sowie für viele andere Dienste und Unterstützungen. Hugh Forest versorgte uns großzügig mit Referenzproben, mit Probenleihgaben und beim Überprüfen von Informationen; seine profunden Kenntnisse brachten mich immer wieder zum Erstaunen. Das entliehene Probenmaterial aus Keele wurde katalogisiert und von Andy Lawrence verpackt, der diese lästige Aufgabe ungerührt zu Ende brachte. George Rowbotham und Phil Lane erlaubten mir Zugang zu ihren Sammlungen und David Stevenson half beim Abschnitt Echinodermen.

Weitere Personen und Organisationen, die uns auf vielfältigste Weise geholfen haben, einschließlich durch Leihgaben von Proben, sind: Bob Owens vom Wallisischen National-Museum in Cardiff, Ian Rolfe und Bob Reekie vom Royal Museum of Scotland in Edinburgh, Jim Nunney vom Leeds City Museum, Don Stewart vom City Museum in Stoke-on-Trent, Don Mason vom Dorman Museum in Middlesborough und das Whitby Museum. Ken Sedman vom Cleveland County Leisure Services Geology Department steuerte viele schöne Handstücke zur Ablichtung bei, gab uns wertvolle Hinweise und ermöglichte uns den Zugang zu Referenzmaterialien.

David Curry, Arthur Forsey, John Fraser, Gordon Leedale, John and Hilda MacPherson, Trevor Morse, Jeff Mullroy, Bruce Stevenson, Pat Tye, Lynn Wall and Sid Weatherill, alle halfen uns in irgendeiner Weise. Ich bekam außerdem Fotos von Martyn Rix (S. 50, 53), Jill Bryan (S. 37, 99), David Curry (S. 29, 143), Pat Tye (S. 15, 19), Arthur Forsey (S. 36) und Bob Reekie (S. 33).

Während der Arbeit an diesem Buch sprach mir meine Frau Helen immer wieder Mut zu. Sie korrigierte Satzfahnen und stellte das Register mit Akribie zusammen. Aber ebenso danke ich meinen drei Kindern Daniel, Adam und Emily, die mir in diesen zwei Jahren so viel Verständnis entgegenbrachten.

Aus dem Englischen übersetzt von
Gerd Hintermaier-Erhard
Titel der Originalausgabe:
Rocks, Minerals & Fossils of the World
erschienen bei Pan Books, Ltd.,
London, 1990, unter ISBN 0330 29953 0

Mit 350 Farbfotos von Chris Pellant und
Roger Phillips

Umschlaggestaltung von Kaselow
Design, München, unter Verwendung
von fünf Aufnahmen von Chris Pellant

**CIP-Titelaufnahme der
Deutschen Bibliothek:**

Kosmos-Atlas Gesteine, Mineralien und Fossilien / Chris Pellant. Fotogr. von Roger Phillips und Chris Pellant. [Aus dem Engl. übers. von Gerd Hintermaier-Erhard]. – Stuttgart: Franckh-Kosmos, 1991
Einheitssacht.: Rocks, minerals and fossils of the world <dt.>
ISBN 3-440-06217-1
NE: Pellant, Chris [Mitverf.]; Phillips, Roger [Ill.]; EST

Für die deutschsprachige Ausgabe:

ISBN 3-440-06217-1 / LH 14/Fi
Printed in Singapore
Satz und DTP: Gerd Hintermaier-Erhard, Landsberg
Gesamtherstellung: Toppan Printing Co. Pte. Ltd.

Inhalt

Einführung

Gesteine, Minerale und Fossilien sind Forschungsgegenstand der Geologie. Mit ihnen beschäftigen sich staatliche Forschungseinrichtungen und Rohstoffkonzerne genauso wie die große Gemeinde der Sammler, Amateur- und Berufsgeologen und -mineralogen.

Die sichere Identifizierung von Proben und Handstücken gelingt nicht auf Anhieb. Je mehr Proben einem aber mit der Zeit vertraut werden, umso mehr wachsen Verständnis und Zuordnungsempfinden für sie. Wichtig ist, einen logischen Zugang zu ihnen zu finden, die Fundstücke auf jeden erdenklichen Aspekt hin zu prüfen. Nicht immer ist es möglich, daß ein Probestück stets wie auf dem Foto aussieht, doch erfüllen die Abbildungen dieses Buches, so hoffen wir, die in sie gesteckten Erwartungen.

Die **Minerale** sind nach dem allgemein üblichen Klassifizierungsschema angeordnet. Sie beginnen daher mit den gediegenen Elementen, dann folgen die Sulfide, Oxide usw. Die ausgewählten Probenstücke zeigen manchmal perfekt gewachsene Kristallformen, doch sind die meisten Stücke so, wie wir sie in ganz normalen Aufschlüssen vorfinden. Jedem Mineralbeispiel ist eine kurze Beschreibung seiner Eigenschaften, seines Verbreitungsgebiets sowie seiner Varietäten zur Seite gestellt.

Die **Gesteine** sind ebenfalls klassisch unterteilt: in *Magmatite, Metamorphite* und *Sedimentite*. In diesem Abschnitt haben wir eine große Anzahl an Geländefotos verwendet, da wir meinen, daß nur im Gelände eine lebendige Geologie vermittelt werden kann und so das Verhältnis zwischen den Gesteinseinheiten und ihrem Inhalt am besten veranschaulicht werden kann.

Die **Fossilien** sind die am schwersten zu erkennenden Objekte im Gelände. Sie sind in biologischen Gruppen zusammengefaßt und in jeder dieser Gruppen sind die Tierstämme, so gut es geht, stratigraphisch geordnet. Es ist nicht leicht, Fossilien unterer Gattungsstufen anhand von Fotovorlagen zu bestimmen, und so haben wir in solchen Fällen fast ausschließlich auf eine Benennung verzichtet. Für gehobenere Bestimmungsansprüche müssen wir daher auf die angebotenen Standardbestimmungsbücher verweisen, oder den Besuch von paläontologischen Ausstellungen oder Museen empfehlen. Sie finden bei vielen Fossilien Hinweise zur geographischen Verbreitung, doch muß man sich im klaren sein, daß diese durch Forschung und Kartierung ständig verändert wird. Der Ausdruck ‚weltweit' wird zwar manchmal gebraucht, womit aber offensichtlich nur die bedeutenderen Schichtformationen gemeint sind. Die vertikale Verbreitung jedes Stammes steht bei jeder Beschreibung mit dabei. Auf Mikrofossilien haben wir verzichtet, da sie nur Spezialisten zugängig sind und ihre Artenvielfalt ein eigenes Buch füllen würde.

Beim Sammeln legen Sie jede Probe in ein separates Behältnis mit dem Namen des Fundorts. Die Bedeutung des Fundpunkts kann nicht hoch genug geschätzt werden, zumal er von enormer Wichtigkeit für

Halysites

Painted Desert, Arizona (USA)

die Probe ist; denn in der Tat dient er oft dazu, die Probe zu benennen. Versuchen Sie, eine Art Sammlungskatalog anzulegen, und wenn er immer umfangreicher wird, verleihen Sie einfach eine Nachbildung Ihrem Stadtmuseum, vorausgesetzt, es handelt sich um aussagekräftige Stücke. Es graut einem bei dem Gedanken, daß viele Prachtstücke in Kellern und auf Dachböden vergessen herumliegen!

Im Gelände sollten Sie den Geologenhammer mit Zurückhaltung verwenden: zum Abschlagen loser Blöcke, weniger zum Zertrümmern halber Steinbrüche, – und sammeln Sie mit Augenmaß. Einen Fotoapparat sollten Sie nach Möglichkeit dabei haben; bei den preiswerten heutigen Kameras ist es ohne weiteres schon möglich, selbst entferntere Aufschlußwände exakt abzubilden.

Dieses Buch haben wir für jeden geschrieben, der den Geowissenschaften mit Interesse begegnet. Wir hoffen sehr, daß es Ihnen bei der Bestimmung unbekannter Proben und Fundstücke hilft, und daß es vielen geologisch Interessierten ein tieferes Verständnis geologischer Phänomene erschließt.

Allen Personen und Institutionen, die uns Leihgaben überließen, danken wir aufrichtig – am Ende jeder Beschreibung verweisen folgende Abkürzungen auf die Quelle: AF Arthur Forsey ; BS Bruce Stevenson ; C Cleveland County Leisure Services; CP Chris Pellant; D Dorman Museum Middlesborough; HST Hugh Torrens; JHF John Fraser; JM Jeff Mullroy; JMc John und Hilda McPherson; K Keele University; L Leeds City Museum; LW Lynn Wall; RMS Royal Museum of Scotland; S City Museum, Stoke-on-Trent; SW Sid Weatherill; TM Trevor Morse; W National Museum of Wales; Wh Whitby Museum.

Hinweis: Auf den größeren Bildtafeln bedeutet ein schwarzer Kreis einen Durchmesser von 1 cm.

Painted Desert. Triassische Sand- und Tonsteine Arizonas (USA), deren leuchtende Farben auf verschiedene Minerale zurückgehen, die das Sediment verkittet haben. Es sind überwiegend Eisenminerale neben Mangan-, Kupfer- und Uranmineralen.

Hämatit

Fotomaterial

Meine Geländebilder und die meisten der Nahaufnahmen machte ich mit einer Olympus 35 mm, der Film war ein Kodachrome mit 25 oder 64 ASA. Die Festobjektive von 28 bis 70 mm kamen in den Aufschlüssen zum Einsatz. Die Mineralproben fotografierte ich mit einem 55 mm Makro-Objektiv, für optimale Ausleuchtung sorgte eine Doppelblitzanlage. Bei Nahaufnahmen von Gesteinsproben wurde ähnlich vorgegangen, nur einige wenige konnten bei natürlichem Licht gemacht werden. Draußen gehört ein Stativ zur Grundausrüstung, das besonders bei wenig Licht, wenn mit langen Verschlußzeiten gearbeitet wird, große Dienste leistet. Sie werden auch das sanfte, schattenarme Licht zu schätzen wissen, das viele Proben erst richtig interessant macht. Die Fossilienbilder wurden auf beiden Tageslichtfilmen (mit Blitz wie beschrieben) sowie auf Ektachrome 50 ASA bei Studiobeleuchtung belichtet.

Rogers Studiofotos entstanden auf einer Hasselblad mit einer 80 mm Planarlinse und einem Ektachrome 64 ASA-Film.

Mineralienfreunde beim ‚Klopfen'

Lexikon

akzessorisch: als Nebengemengteil vorhanden.
äolisch: Sedimente, die vom Wind verfrachtet und abgelagert wurden.
Armklappe: Kleinere der beiden Brachiopodenklappen, enthält das Armgerüst (Lophophore).
Aureole: Zone im Nebengestein, die von der eingedrungenen Intrusion aufgeheizt und kontaktmetamorph umgewandelt wurde.
authigen: Nach der Ablagerung im Sediment entstandene Mineralneubildung.
basisch: Bezeichnung für ein magmatisches Gestein mit weniger als 10 Prozent freiem Quarz und einem SiO_2–Gehalt zwischen 45 und 55 Prozent. Hauptminerale sind Plagioklase und Pyroxen.
Basisspaltbarkeit: Spaltbarkeit parallel zum Basispinakoid eines Minerals.
benthonisch: Am Boden von Gewässern.
Bifurkation: Gabelung (eines Flusses; der Rippen auf einer Ammonitenschale).
Biomikrit: Feinkörniger Kalkstein aus einstigem Kalkschlamm mit mindestens 10 Prozent Fossilresten (Schalenbruch).
Blasentextur: Texturtyp magmatischer Gesteine (meist in Laven), bei dem die Grundmasse mit gasgefüllten Blasen durchsetzt ist.
Calcrete: Calcitzement in Konglomeraten und Sandsteinen.
Calyx: Kelch am oberen Ende der fossilen Koralle, worin der Polyp lebte.
Cephalon: Kopfschild der Trilobiten.
Cilien: Kleine wimpernartige Haarstrukturen.
Cirren: Rankenförmige Fortsätze an Crinoidenstielen.
Corallit: Einzelner Kalkskelettkörper eines Korallenstocks.
Diagenese: Langsame Umwandlung von Lockersedimenten in Sedimentgesteine. Niedrigtemperierter Prozeß unter Einwirkung geringer Drücke, chemischer Lösungen und verschiedener physikalischer Vorgänge.
Druse: Kavernöse Aushöhlung in Gesteinen oder Gängen, in der sich Mineralstufen entwickeln.
Environment: Summe aller Umgebungsbedingungen, die ein Gestein prägen.
equigranular: Gleichkörnig, d.h. ein Gestein, in dem alle Mineralkörner etwa gleiche Größe haben.
evolut: Windungsform bei Ammoniten, bei der die äußeren Windungen die inneren nicht oder kaum überdecken. Alle Windungen sind vollständig sichtbar und der Nabel ist weit.
Extrusivgestein: Vulkangestein (Vulkanit); magmatisches Gestein, das an der Erdoberfläche erstarrt.
Fiederchen: Manche Crinoidenarme zeigen Reihen solcher kleinerer Ästchen.
Foliation: Parallele Anordnung blätterförmiger Minerale (Glimmer, Tonminerale) in einem Gestein (auch: Schieferung).
graphische Struktur: Verwachsung zwischen Quarz und Feldspat in manchen magmatischen Gesteinen, insbesondere in Graniten. Auf glattpolierter Oberfläche entsteht der Eindruck hebräischer Schriftzeichen, daher auch die Bezeichnung ‚schriftgranitische' Verwachsung.
heterozerk: Fischschwanzflosse, bei der die Wirbelsäule im oberen, größeren Lappen endet.
Homöomorphie: Ähnliches Äußeres zweier nicht miteinander näher verwandter Organismen.
homozerk: siehe Teleostei
hypabyssisch: Relativ flach unter der Erdoberfläche erstarrter Magmengesteinskörper, oft nur von geringer Größe.
idiomorph: Gut ausgebildete Kristallform.
interstitiell: Zwischen den Mineralkörnern eines Gesteins, die Mineralzwischenräume betreffend.
Intrusivgestein: Tiefengestein (Plutonit); magmatisches Gestein, das beim Aufstieg aus großer Tiefe in Spalten im vorhandenen Gestein steckenblieb und dort über Jahrmillionen langsam erstarrte.
involut: Windungsform bei Ammoniten, bei der die äußeren Windungen die inneren stark überdecken; der Nabel ist folglich eng.
kolloidal: Partikelgröße zwischen Suspension und Lösung, die Teilchen schweben im Lösungsmittel, sie sinken nicht ab.
Konkretionen: Meist knollig–kugelige Anhäufung von Mineralgemengen von einigen cm Durchmesser, häufig in Tonen und Tonschiefern. Sie bestehen oft aus Eisenverbindungen (Geode), Carbonaten oder sind von ähnlicher Zusammensetzung wie das Gestein, in dem sie eingebettet sind. Da sich K. an Keimen entwickeln, sind sie oft Träger von Fossilien.
kryptokristallin: Dichte Masse feinstkörniger Mineralaggregate, deren einzelne Kristalle nur bei sehr hoher Vergrößerung sichtbar sind.
Metasomatose: Chemisch–mineralogische Veränderungen des Nebengesteins durch zirkulierende Lösungen oder heiße Dämpfe.
Nabel: Das Spiralzentrum der Molluskengehäuse.
Nema: Verlängerte, fadenförmige Achse bei den Graptolithen.
ophitisch: Strukturform magmatischer Gesteine, bei der schmale Plagioklasleisten in Pyroxen eingeschlossen sind.
Orogenese: Gebirgsbildung. Komplexes Mosaik von Prozessen, die in ihrer Gesamtheit Gebirge entstehen lassen. Zeitmäßige Größenordnung: mehrere Millionen Jahre.
orthokonisch: Langgestreckte Gehäuseform mancher Mollusken, etwa bei Orthoceras, einem Nautiloiden.
pelitisch: Feinkörniges Sediment (Tone, Tonschlamm).
Periprokt: Mit flexiblen Außenskelettplatten ausgestattetes Afterfeld der Echinoidea.
Peristom: Außenskelettplatten des Mundfeldes bei Echinoidea.
Pinakoid: Zwei parallel zueinanderliegende Kristallflächen.
planktonisch: In der Nähe der Wasseroberfläche schwebend.
poikilitisch: Strukturform magmatischer Gesteine, bei der kleinere Kristallflitter von einem später gewachsenen, größeren Kristall eingeschlossen wurden.
Porphyroblast: Große Kristallneusprossungen in der Grundmasse metamorpher Gesteine, z.B. Granate in Glimmerschiefer.
psammitisch: Sedimente mit hohem Sandanteil; sandig.
Pygidium: Schwanzsegmente der Trilobiten.
pyroklastisch: Klastische vulkanische Gesteine mit vulkanischen Bomben, Glasfragmenten, Asche und Bims.
Pyroxen: Häufige Mineralgruppe der Silicate. Die Orthopyroxene kristallisieren orthorhombisch, die Klinopyroxene monoklin. Unterschiedlicher Chemismus.
rezent: gegenwärtig vorkommend.
sargdeckelförmig: Kristallform, deren Flächen treppenförmig abgestuft sind; Beispiel: Halit (Steinsalz).

Schieferung: 1) Oft wellige Textur mittelkörniger Metamorphite, verursacht durch den gerichteten Druck der Gebirgsbildung auf die Minerale. 2) siehe Foliation.
Schiller: Leuchtendes Farbenspiel mancher Minerale (Labradorit, ein Feldspat), das durch mikroskopisch kleine Entmischungslamellen erzeugt wird.
schlackig: Lavagestein mit Hohlraumtextur.
Septen: Scheidewände, die die Gehäuse von Korallen oder Mollusken unterteilen.
sigmoidal: ‚S'–förmig.
Silicate: Mit Abstand häufigste Mineralgruppe in der Erdkruste, zu der u.a. die gesteinsbildenden Feldspäte, Quarz, Amphibole, Pyroxene und Glimmer gehören.
Sipho: Dünner Gewebeschlauch, der die einzelnen Kammern mit der Wohnkammer des Tiers verbindet. Über ihn findet der Gasaustausch statt.
Spiculae: Schwammnadeln der Schwämme aus SiO_2.
Stielklappe: Größere der beiden Klappen bei Brachiopoden, die den Stiel trägt.
Stock: Ringartige Intrusionsform von Plutoniten, kleiner als ein Batholith.
Teleostei: Moderner Fischtyp der Knochenfische mit Knochenschädel und symmetrischer Schwanzflosse (homozerk).
Thecodontia: Kleine, räuberische, zweibeinig laufende Reptilienart der Trias, aus der sich die Dinosaurier und Krokodile entwickelt haben.
ultrabasisch: Gruppe von magmatischen Gesteinen mit weniger als 45 Prozent SiO_2. Sie enthalten erhebliche Mengen Eisen–Magnesium–Minerale und dies häufig in monomineralischer Form. So besteht das u. Gestein Dunit fast nur aus Olivin.
Umgang: Einzelne Windung auf einem Molluskengehäuse.
Wangenstacheln: Bei manchen Trilobiten zu findende, seitliche Verlängerungen des Kopfschilds.
Zeolithe: Silicatgruppe mit sehr lockerem Kristallgitter, das viel Kristallwasser zu halten vermag. Häufig in Hohlräumen vulkanischer Gesteine als Harmotom, Natrolith und Chabasit.
zuckerkörnig: Gefügetyp bei Quarziten und Marmor.

oolithischer Kalkstein

Erdgeschichtliche Zeittafel

ÄREN	PERIODEN			ÄONEN
Känozoikum	Quartär	*Rezent*	0,01	**Phanerozoikum**
		Pleistozän	2	
	Tertiär	*Pliozän*	5	
		Miozän	22,5	
		Oligozän	37,5	
		Eozän	53,5	
		Paläozän	65,7	
Mesozoikum	Kreide		136	
	Jura		190	
	Trias		225	
Paläozoikum	Perm		280	
	Karbon		345	
	Devon		395	
	Silur		440	
	Ordovizium		500	
	Kambrium		600	
Präkambrium			2500	**Proterozoikum**
			4600	**Archaikum**

Calamites

Die ,Cheesewring'-Felsburg, Cornwall

Magmatische Gesteine

Magmatische Gesteine oder Magmatite entstehen durch Erstarrung von Magma, einer Mischung silicatischer Minerale, auf oder in der Erdkruste. Die Umstände, wie Magma in die Erdkruste hineingelangt, bestimmen viele der Merkmale des resultierenden Gesteins, etwa Größe und Relation der einzelnen Kristalle zueinander – man spricht dann von seiner Struktur. Plutone und Batholithe sind riesige Gesteinskörper, die in der Erdkruste steckenbleiben. Wegen ihrer Größe und Tiefenlage kühlt die Schmelze nur sehr langsam ab. Vom Eindringen bis zum Erkalten können weit mehr als 10 Mio. Jahre vergehen. Infolge des langsamen Erstarrens können sehr grobkörnige Kristalle heranwachsen. Granit ist die häufigste Gesteinsart solcher Komplexe und ist oft Bestandteil von Gebirgswurzeln. In British Columbia und Peru formen die Küstenbatholithe eine Kette von über 1600 km Länge und 190 km Breite. Andere Intrusionsformen wie die Lopolithe sind schüsselförmig und werden von einem tiefreichenden Schlot versorgt; man kennt Beispiele aus Südafrika mit einer Größe von 480 x 320 km. Lakkolithe sehen außer ihrer konvexen oberen Begrenzungsfläche ähnlich aus. Diese großen Plutone sind alle grobkörnig, anders als kleinere Magmenkörper, die rascher abkühlen, so daß ihre Kristalle kleiner kristallisieren. Wenn Magma aufsteigt, sucht es sich Schwächezonen in der Kruste, weshalb die Intrusionen oft lagig angeordnet sind. Diskordante, steilstehende Intrusionen, die das Gestein quer durchschlagen, heißen Gänge. Lagergänge oder Sills dringen gangförmig entlang von Schichtgrenzen konkordant ein. Wegen ihrer geringen Mächtigkeit kühlen sie rasch ab und kristallisieren in mittleren bis feinen Korngrößen (5–0,5 bzw. weniger als 0,5 mm). Dolerit und Mikrogranit sind typische Vertreter solcher Ganginstrusionen. Oberflächig austretende Lava erkaltet sehr schnell, weshalb die Vulkangesteine (z.B. Basalte oder Andesite) stets feinkörnig sind. Untermeerische Eruptionen können so schnell erstarren, daß sie als vulkanisches Glas ohne jegliche Kristalle vorliegen.

Die Korngröße der Magmatite hängt somit stark von der Erstarrungsgeschwindigkeit ab, und die individuellen Bedingungen während des Erkaltens rufen im Gestein charakteristische Strukturen bzw. Texturen hervor. Eine sehr attraktive Struktur mit großen Einsprenglingen in einer feinkörnigen Matrix ist die porphyrische Struktur, die aufgrund unterschiedlicher Abkühlungsprozesse entsteht. Angenommen, das Magma durchläuft eine lange Abkühlungsphase tief in der Kruste, so werden in dieser Zeit Einsprenglinge im Magma auskristallisieren. Steigt das Magma aus irgendeinem Grund plötzlich höher, erstarrt das Restmagma ziemlich schnell und erzeugt rund um die Einsprenglinge eine Grundmasse aus feinkörnigen Kristallen.

Die Körnung ist nur eines der zwei Hauptkriterien zur Bestimmung magmatischer Gesteine. In grobkörnigen Gesteinen wie Gabbro oder Granit sind die Kristalle mit bloßem Auge erkennbar. Mittelkörnige Gesteine wie Dolerit oder Mikrogranit betrachtet man am besten mit einer Lupe; bei feinkörnigen Gesteinen wie Rhyolith oder Basalt läßt uns selbst diese im Stich. Bei Verwendung eines Polarisationsmikroskops werden hauchdünn geschliffene Gesteinsplättchen, die Dünnschliffe, von normalem oder polarisiertem Licht durchstrahlt. Diese Methode gibt einen tiefen Einblick in die mineralogische Zusammensetzung des Gesteins. Viele Minerale zeigen arttypische Farben oder Strukturmerkmale, anhand deren sie der Mineraloge zu identifizieren weiß.

Das zweite Hauptkriterium zur Bestimmung magmatischer Gesteine sind Chemismus und Mineralogie. Magma kann seine Quelle tief im Erdmantel, unter der Kruste, haben. Schmelzen dieser Herkunft mangelt es an SiO_2 und sie werden als ultrabasisch eingestuft (,basisch' meint niedrigen, ,sauer' hohen SiO_2-Gehalt). Die Ultrabasite dieser Magmen sind reich an Eisen und Magnesium und ähneln dem Peridotit, einem Vulkangestein, dessen Magmen aus großen Tiefen in die Erdkruste eindringen. Ultrabasische Magmen können einem Prozeß unterliegen, der *magmatischen Differentiation*, aus dem sich eine Reihe weiterer magmatischer Gesteine entwickeln kann. Auch können vorhandene Gesteine aufgeschmolzen und assimiliert (einverleibt) werden, wodurch das neue Gestein saurer wird. Wie auch immer, es sind nur einige wenige Minerale, die letztlich das magmatische Gestein bilden.

Feldspäte, Quarz, Glimmer, Amphibole, Pyroxene und Olivin sind die Hauptminerale der gesteinsbildenden Silicate. Sie kristallisieren in einer festgelegten Reihenfolge im Verlauf der Erstarrungsprozesse aus. Bei noch hohen Temperaturen kristallisieren als erste Eisen-Magnesium-Silicate, zunächst Olivin, dann die Pyroxene; diese ‚pyrogenen' Minerale sind frei von Kristallwasser. Mit fallender Temperatur kristallisieren die ersten wasserhaltigen Silicate aus, wie etwa die Amphibole (Hornblende), und nach ihnen folgen die Glimmer (Biotit, Muskovit).

Zeitparallel zur Kristallisation der dichten Silicate bildet sich eine zweite Kristallisationsreihe, die der Feldspäte, genauer, der Plagioklase. Etwa bei der Erstarrungstemperatur von Olivin und Pyroxen beginnt calciumreicher Plagioklas, der Anorthit, auszukristallisieren. Mit fallender Temperatur ersetzt Natrium das Calcium im Plagioklaskristall und erzeugt eine kontinuierliche Diffentiationsreihe, die beim Natrium-Plagioklas Albit endet. Dazwischen liegen drei weitere Plagioklastypen. Gegen Ende der Reihe kristallisieren daneben noch Orthoklas, Muskovit und Quarz aus. Diese Reihe ist idealisiert, denn nicht alle Minerale finden sich immer im Gestein. Basische Magmen aus dem tiefen Erdinnern sind sehr heiß. Aus ihnen entstehen Gesteine mit Olivin, Pyroxenen und Calcium-Plagioklasen, also Basalte oder Gabbros. Saurere Schmelzen, die höher in der Erdkruste entstehen, sind kühler und bringen Gesteine mit Quarz, Orthoklas und Glimmern hervor, also Granite oder Rhyolithe.

Dieser kurze Abriß zeigt schon, wie sich magmatische Gesteine mit ihren typischen Merkmalen entwickeln können. Zur Bestimmung eines unbekannten Gesteins stellen wir zunächst seine Korngröße fest (ist es grob-, mittel- oder feinkörnig?). Als nächstes seine Farbe – helle Farben sprechen für saure Gesteine, dunkle eher für basische. Mit einer Lupe sind sogar Minerale in feinkörnigen Gesteinen erkennbar. Im Grunde reicht es, nur etwa vier Minerale zu bestimmen, um auf die Natur des Gesteins – sauer, intermediär, basisch, ultrabasisch – schließen zu können. Die An- oder Abwesenheit des leicht erkennbaren Quarzes (hohe Härte, graue Farbe, glasiger Glanz) hilft oft schon, das Gestein zu identifizieren. Viele der häufigen Gesteine sind ziemlich leicht zu bestimmen: Granit durch das grobe Korn, die helle Farbe und vielen Quarze; Basalte durch ihr schweres Gewicht, ihre dunkle Farbe, ihre schmalen Plagioklasleisten und Pyroxenstengel, die man mit der Lupe sieht; und die selteneren Ultrabasite durch ihr sehr schweres Gewicht, ihren reduzierten Bestand an Mineralarten (oft nur zwei) und das Fehlen von Quarz. Eines gilt sicher: Je mehr Gesteinsproben einem durch die Hände gehen, umso sicherer und schneller erkennt man unbekannte Gesteine.

Die ‚Cheesewring'-Felsburg in Cornwall, SW-England. Oberflächig verwitternder Granit erzeugt oft Gestalten wie diese Felsburg. Ihr Granit hat eine lagige Struktur; sie geht auf waagrechte Klüfte zurück, die zusammen mit den senkrechten durch Druckentlastung entstehen, d.h. wenn die ehemalige Granitüberdeckung erodiert und der Granit von deren Gewicht befreit wird.

Basalt unterscheidet sich grundlegend von Granit, er ist gewissermaßen sein Gegenstück im Einteilungsschema der Magmatite. Dieses Photo (3fache Vergr.) zeigt deutlich den feinkörnigen Charakter dieses rasch abgekühlten Vulkangesteins. Typisch ist die blasige Textur mit den vielen Gasblasenhohlräumen. Fundort Hawaii. (CP)

Granit (3fache Vergr.) stellt sich als ein Mosaik aus verzahnten Mineralen dar. Orthoklas ist hier rosa, Quarz grau und die kleinen schwarzen Flecke sind Biotit. Einige wenige, weiße Plagioklase kommen vor. Der Granit hat eine equigranulare Struktur, da fast alle Minerale von ähnlicher Größe sind. Fundort Südafrika. (CP)

Granite

Granite sind die häufigsten grobkörnigen magmatischen Gesteine saurer Zusammensetzung. Ihre Struktur ist meist gleichkörnig, doch können ihnen große Feldspateinsprenglinge, die bis 5 cm lang werden können, ein porphyrisches Aussehen verleihen. Sie enthalten häufig zwischen 20 und 40%, mindestens jedoch 10% freien Quarz. Sowohl Orthoklas (Kalifeldspat) als auch Plagioklase sind zugegen; letztere sind eher natriumreich. Kommen Orthoklas und calciumreicher Plagioklas zu etwa gleichen Anteilen vor, so liegt ein Gestein namens Adamellit vor. Bekommt der Plagioklas mengenmäßig das Übergewicht, spricht man von einem Granodiorit. Nimmt dagegen der Quarz ab, liegt ein Syenit vor. Hohe Anteile an Quarz und Feldspat hellen die Farbe deutlich auf. Zu den Hauptmineralen gehören auch die Glimmer; ihre wichtigsten Vertreter sind der helle Muskovit und der braune bis schwarze Biotit. Sie kommen jeweils allein oder gemeinsam in Graniten vor. Hornblende ist ein häufiges ferromagnesisches Mineral. Treten Hornblende und Biotit gemeinsam auf, erscheint das Gestein gesprenkelt. Akzessorische Minerale (Nebenminerale) sind Titanit, Magnetit und Apatit. Granite haben eine hohe chemische Schwankungsbreite und bringen daher eine Vielzahl an Granitvarietäten hervor, die alle ein besonderes Aussehen haben sowie spezifische Struktur- und Texturelemente beinhalten (z.B. Schriftgranit mit seinen graphischen Verwachsungen von Quarz und Mikroklin). Sehr grobkörnige Granitarten mit Körnern über 3 cm Durchmesser heißen Pegmatite. Granite zeigen eine große Formenvielfalt an Intrusionskörpern, typisch sind jedoch die großen Batholithe. Die meisten Granite sind sicher magmatischer Natur, doch kennt man welche, die durch Prozesse der Granitisierung saurer Ausgangsgesteine im Zusammenspiel mit heißen, fluiden Phasen in der tieferen Erdkruste entstanden sein müssen.

Xenolith in Granit. Der dunkle ovale Fleck ist ein Rest Nebengestein, in das der Granit einst eingedrungen war und es als Xenolith (Fremdeinschluß) assimiliert hat. Teile des früheren Gesteinscharakters blieben erhalten und lassen auf eine Andesitlava schließen. Der Granit ist porphyrisch, und rosa Orthoklas tritt in zwei Größenklassen auf: als große Einsprenglinge und mikrokristallin in der Grundmasse.

Basalt

Granit (Vergr. 3fach)

Xenolith in Granit

Granit, Dünnschliff, Vergr. 16fach

Granit. Dünnschliff eines Granits mit viel hellgrauem Quarz. Den Feldspat erkennt man an seinen typischen Streifen, und der große braune Kristall ist ein Biotit. Fundort Rubishlaw, Schottland. (CP)

Porphyrischer Adamellit. Wegen seiner großen rosa Orthoklaseinsprenglinge wird er gerne als Schmuckstein verwendet. Sie liegen in einer Grundmasse aus grauem Quarz, weißem Oligoklas und schwarzem Biotit. Anteile von Orthoklas und Oligoklas sind etwa gleich. Fundort Cumbria, GB. (CP)

Xenolith. Teile des Nebengesteins wurden vom Magma umflossen und teilweise oder völlig verändert. Dieser Xenolith war einst ein vulkanischer Tuff und wurde zum Teil assimiliert bzw. granitisiert. In seinem Inneren sprossen rosa Orthoklase. (CP)

Biotitgranit. Helle Varietät wegen der weißen Orthoklase und Plagioklase und des grauen Quarzes. Das Granitgestein erscheint hübsch gesprenkelt durch die kleinen schwarzen Biotitkristalle. Fundort Deutschland. (CP)

Biotit-Muskovitgranit. Handstück mit vielen isomorphen weißen Orthoklasen und Albiten. Grauer Quarz macht über 30% der Minerale aus, und Biotit übertrifft Muskovit an Menge. Einige der Orthoklase erreichen eine Länge von ca. 8 mm. Apatit ist akzessorisch zugegen. Kernbohrungsprobe aus NO-England. (C)

Rosa Granit. Das Handstück zeigt eine equigranulare Struktur mit zahlreichen rosa Orthoklasen, grauen Quarzen und weißen Plagioklasen. Geringe Mengen Biotit und Muskovit sind vorhanden. Fundort Südafrika. (CP)

Muskovit-Biotitgranit. Sehr heller Granit mit isomorphen weißen Orthoklasen, mit Albit, grauen xenomorphen Quarzen und beiden Glimmerarten (Muskovit ist häufiger als Biotit). (C)

Biotitgranit. Ein Granit schwarz-weißen Typs mit milchigweißem Orthoklas und hellem Plagioklas. Hoch ist der Anteil xenomorpher Quarze, während der des Biotits bei 10% liegt. Wenngleich einige der Orthoklaskristalle wesentlich größer sind als die des Quarzes und der Plagioklase, kann doch von einer equigranularen Struktur gesprochen werden. Fundort SW-England. (K)

Muskovit-Biotitgranit. Grauer Granit mit equigranularer Struktur. Orthoklas ist weit häufiger als der Plagioklasvertreter Albit, und Muskovit ist häufiger als Biotit. Der graufärbende Quarz nimmt einen Anteil von über 30% ein. Fundort Nordspanien. (CP)

Muskovitgranit. Sehr helle Varietät mit fast 12% Muskovit. Die Grundmasse besteht aus idiomorphen Orthoklasen und Plagioklasen sowie xenomorphem Quarz; Fundort Nordwest-Frankreich. (C)

Muskovitgranit. Dieses Handstück besteht aus schmutzigweißem Orthoklas, weißem Plagioklas, grauem Quarz und 10% Muskovit. Fundort ist die Isle of Man, Großbritannien. (L)

Granite und Pegmatite

Pegmatite sind sehr grobkörnige Gesteine (Korngröße mehr als 3 mm); in ihnen fand man die größten Kristalle der Erde. Pegmatite bilden sich erst ganz zum Schluß der magmatischen Kristallisation aus heißen Restlösungen; da diese mit seltenen Elementen angereichert sind, bestehen Pegmatite oft aus ungewöhnlichen Mineralarten, etwa Wolfram-, Barium- oder radioaktiven Mineralen. Sie stehen den Graniten sehr nahe, und ihre Mineralausstattung ist ihnen ziemlich ähnlich: vorwiegend Alkalifeldspäte, Quarz und Glimmer. Sie können zu wahren Kristallgiganten heranwachsen, ebenso wie häufig auftretender Turmalin, Beryll, Titanit, Fluorit, Rutil und eine ganze Palette seltener und exotischer Mineralarten. Graphische Strukturen wie im ‚Schriftgranit' sind häufig, doch das Frappierendste sind die oft gewaltigen Kristallgrößen – in Brasilien etwa wurden Berylle mit 20 m Länge gefunden! Die Entstehung der Pegmatite findet meist im weiteren Randbereich intrudierter Plutonite in Gängen und Klüften statt. Diese sind oft nur gering dimensioniert und nicht in dem Maße lagig angeordnet wie andere Gänge. Obgleich der Name ‚Pegmatit' für besonders grobkörnige Granitgesteine reserviert ist, kann der Begriff ‚pegmatitisch' auch auf andere sehr grobkörnige Magmatite angewendet werden.

Perthitgranit. Grobkörnige, helle Granitart mit grauen, glasigen Quarzen. Muskovit dominiert über Biotit, während Orthoklas (Mikroklin) mit Albit zu Perthit verwachsen ist. (CP)

Pegmatit. Sehr grobkörnige Orthoklaskristalle sowie schwarzer Biotit bilden große tafelige Massen in diesem Pegmatit. Grauer und xenomorpher Quarz findet sich hier und da. Fundort Sutherland, NW-Schottland. (CP)

Luxullianit. Ein Alkalifeldspatgranit mit rosa Orthoklasen, der an seinen teilweise schon stark umgewandelten Rändern von Turmalin und Quarz gesäumt wird. Fundort Carnmanellis, SW-England. (K)

Grobkörniger Pegmatit. Dieses Gestein enthält große Muskovittafeln mit Quarz und weißem Feldspat. (CP)

Pegmatit. Granite werden oft von Adern und drusigen Hohlräumen durchzogen, die mit feinkörnigem Quarz und anderen Mineralen gefüllt sind. Bei dem hier gezeigten Pegmatit alternieren weiße Quarzadern mit Flecken von Muskovit und orthoklasreichem Granit. (CP)

Hornblendegranit. Die Dunkelminerale dieses Handstücks sind Biotit und Hornblende. Letztere ist in Graniten nicht selten und verleiht ihnen oft ein gesprenkeltes Aussehen. Die Hellminerale teilen sich auf in grauen Quarz und weißen Orthoklas und Oligoklas. (C)

Schriftgranit. Graphische Strukturen sind nichts Ungewöhnliches in Graniten; sie entstehen, wenn kleine hakige oder stengelige Quarzkristalle in eine große Masse Alkalifeldspat, meist Mikroklin, verwachsen sind. Diese Struktur trifft man häufig in Pegmatiten an. Schriftgranite sind stets sehr helle Gesteine. (K)

Pegmatitische Intrusionen treten oft als flachliegende Gänge (sheets), die das Nebengestein durchschneiden, auf. Dieser Feldspatgang von etwa 60 cm Mächtigkeit durchsetzt dunkle ultrabasische Gesteine aus dem Präkambrium. Schräg darüber liegt ein weiterer, schmaler Gang von ähnlicher Art. Der Fundort ist NW-Schottland.

Pegmatitintrusion

Mikrogranit

norwegischer Mikrogranit

Greisen

Granodiorit

porphyrischer Mikrogranit

Mikrogranit

Quarzporphyr

Granodiorit

Erstarrter Ignimbritstrom

Mikrogranite, Greisen und Granodiorit

Mikrogranit. Mittelkörniges Gestein mit großen Anteilen an rosa Orthoklas in der Grundmasse sowie mit Einsprenglingen von Biotit und größeren Tafeln silbrigen Muskovits. (CP)

Mikrogranit. Equigranulare Kristalle aus mittelkörnigem grauem Quarz, weißem Feldspat und schwarzem Biotit. Fundort Norwegen. (CP)

Greisen. Dieses Gestein entsteht durch die Einwirkung zirkulierender heißer Lösungen und Gase auf klüftige Partien im Granit, der in diesen Bereichen in ein an Muskovit und anderen Hellglimmern, Quarz und selteneren Mineralen reiches Gestein umgewandelt wird. Zu den häufigsten Reaktionsgasen gehören Fluor, Fluorwasserstoff und Borfluoride. (CP)

Granodiorit. Ein helles bis leicht dunkel gefärbtes Gestein mit mittelkörniger Struktur. Freier Quarz ist mit 20 bis 40% Anteil vertreten, doch ist der SiO_2-Gehalt geringer als beim Granit. Calcium und Magnesium sind dagegen in höheren Anteilen zugegen. Typische Plagioklasvertreter sind Oligoklas und Andesin, und mit Orthoklas, Biotit und Hornblende ähnelt der Granodiorit sehr dem Granit. Die beiden Fundorte sind Südkalifornien bzw. Brittany, Frankreich. (L)

Porphyrischer Mikrogranit. Dunkle Amphibolkristalle (Riebeckit) liegen eingesprengt in einer helleren Grundmasse aus Alkalifeldspat und Quarz. In Dünnschliff würde er seine poikilitische Struktur (kleinere Kristalle sind in einem größeren eingeschlossen) zeigen. (L)

Dünnschliff eines Granodiorits, Vergr. 16fach

Mikrogranit. Mittelkörniges, equigranulares Gestein mit hellrosa Orthoklas, grauem Quarz, Biotit und Muskovit. Fundort New Hampshire, USA. (L)

Quarzporphyr. Die mittelkörnige Grundmasse aus Orthoklas, Quarz, Hornblende und Biotit sowie Einsprenglinge idiomorpher Feldspäte und etwas Quarz lassen auf eine zweigeteilte Abkühlungsgeschichte dieses Porphyrgesteins schließen. (K)

Granodiorit im Dünnschliff. Diese 16fache Vergrößerung zeigt hauptsächlich Hornblenden neben einigen kleinen braunen Biotiten. Der große graugestreifte Kristall ist ein verzwillingter Plagioklas. Die anderen grauen Kristalle sind Quarz und Orthoklas. Fundort Leicestershire, England.

Granophyr/Saure Laven

Ignimbrit. Dieses Kliff in Costa Rica besteht aus zwei Gesteinskörpern, einer hangenden grauen und einer liegenden gelben Lage. Erstere ist ein Ignimbrit, eine erstarrte, einst glühende Gassuspension sauren Magmas, die unter heftigen Eruptionen ausgestoßen wird. Ist das Ereignis weniger vehement, erfolgt die Ablagerung, wie hier in der unteren Lage, in Form eines Aschefalls.

Pechstein
Granophyr
Rhyolithtuff
Obsidian
Granophyr
Obsidian
gebänderter Rhyolith
porphyrischer Pechstein

Pechstein. Dunkles Lavagestein mit einem Glanz ähnlich Pech. Seine Abkühlung erfolgte sehr rasch, so daß sich eine glasige, kristallose Struktur entwickelte. Dieses Stück entstammt einem sauren Pechstein, der jedoch chemisch bis ins Basische gehen kann. Typisch für kleinere Eruptionen und Lavaströme. Fundort Arran, Schottland. (C)

Granophyr. Ein helles Gestein, oft mit rosa Stich und mittlerer Korngröße. Die Mineralogie ist granitisch, mit mehr als 10% Quarz, reichlich Orthoklas, Albit bis Oligoklas bei den Plagioklasen, Glimmer und etwas Amphibol. In Granophyren neigen Quarz und Feldspäte dazu, granophyrisch zu verwachsen. Diese Struktur ist ähnlich der graphischen, nur feinkörniger. Granophyr entsteht am Rand großer Intrusionen und subvulkanischer Körper und steht den Mikrograniten nahe. Zwei Beispiele sind abgebildet. (CP)

Rhyolithtuff. Ein aus Bruchstücken fester Rhyolithlava, die mit einer sauren Tuffmatrix verschweißt sind, aufgebautes vulkanisches Gestein. Tuff enthält stets kleine Aschepartikel, die aus heftigen Eruptionen eingeweht werden. Solche Aschen bilden unter Wasser reine Ascheschichten. Im Wasser setzen sich die feinen Partikel sehr langsam als gradierte Schichtung ab. (K)

Obsidian. Stark glänzendes Gesteinsglas mit typisch muscheligem Bruch, der in äußerst scharfen Kanten bricht (paläolithische Werkzeuge). Meist schwarz oder dunkelgrün; chemisch dem Rhyolith ähnlich. Er enthält manchmal kleine Einsprenglinge. (K)

Gebänderter Rhyolith. Chemisch ähnlich dem Granit, doch sind die Minerale so klein, daß sie selbst mit der Lupe nicht erkennbar sind. Kleine Quarz- und Feldspateinsprenglinge können auftreten. Die alternierenden Bänder sind typisch für diese Gesteinsart. Fundort Glencoe, Schottland. (K)

Porphyrischer Pechstein. Ein dunkles glasiges Vulkangestein mit unzähligen Quarz- und Feldspateinsprenglingen, das in Gängen oder Lagergängen nahe granitischer Zentren oder in Lavaströmen auftritt. Die Einsprenglinge sind meist schon vor dem Lavaausbruch auskristallisiert und wurden im Pechstein eingeschlossen, als dieser erstarrte. (K)

Syenite und Diorite

Larvikit. Poliertes Handstück, wie es im Großen für Schmucksteine verwendet wird. Die Oligoklase sind entmischt, was den herrlichen blauen Schillereffekt dieses Gesteins erzeugt. Chemisch ähnlich dem Syenit. Die Minerale Olivin, Magnetit und Titanaugit sind zu klein, als daß sie im Handstück erkannt werden können. (CP)

Diorit. Typisch gesprenkeltes Aussehen. Mittel- bis grobkörnig, von intermediärem Chemismus, enthält er weniger als 10% Quarz. Die Plagioklase sind Oligoklas bis Andesin. Die Eisen-Magnesium-Minerale sind meist Amphibole, doch treten oft auch Biotit und Pyroxene auf. Akzessorisch finden sich Titanit, Apatit und Magnetit. Struktur equigranular. Wenn Diorite reicher an Quarz und Alkalifeldspat werden, gehen sie in Granodiorite über; wird Labradorit der dominierende Plagioklas, gehen sie in Gabbro über. Diorit findet sich oft in Quellkuppen und im Randbereich von Plutonen. (C, CP)

Syenit. Intermediäres, grobkörniges Gestein, oft rosa und/oder grau gefärbt, mit weniger als 10% Quarz. Hauptminerale sind Alkalifeldspäte, Amphibole oder Pyroxene sowie Biotit. Von ihm existiert eine beträchtliche Anzahl an Varietäten, wie etwa der SiO_2-übersättigte *Quarzsyenit* oder *Nephelinsyenit* mit dem Foid Nephelin. Syenite sind eher equigranular als porphyrisch. Sie bilden Plutonite, Gänge und Lagergänge. (K)

Porphyrischer Mikrosyenit. Mittelkörniges, dem Syenit entsprechendes Gestein. Die hellen großen Minerale sind Feldspäte. Zu dieser Gesteinsfamilie gehören auch die unverwechselbaren norwegischen Rhombenporphyre, die als Leitgerölle in den eiszeitlichen Ablagerungen Norddeutschlands vorkommen. (CP)

Porphyrischer Andesit. Er ist feinkörnig und entspricht chemisch dem Diorit. Im Dünnschliff erkennt man Oligoklas und Andesin, daneben Amphibol und Biotit. In dem Beispiel sieht man Einsprenglinge von hellem Feldspat und dunklerem Amphibol. Andesite als Produkte des Stratovulkanismus sind saurer und heller als Basalte. (K)

andesitischer Bims
weißer Trachyt
blasiger Andesit
Andesit
trachytisches Agglomerat
Andesit, Hawaii
Trachyt
dunkler Andesit
rosa Trachyt
porphyrischer Andesit
dichter Trachyt

Vulkan Poas, Costa Rica

Dünnschliff eines Syenits, Vergr. 20fach

Syenit. Diese 16fache Vergrößerung zeigt einen Hornblendesyenit im Dünnschliff. Mitte bis rechts unten sieht man eine braun und blauviolett leuchtende Hornblende; oben links liegt eine weitere. Die schwarzen, opaken Flecke in ihr sind Eisenoxid. In der oberen Hälfte sieht man hellgraue Prismen von Plagioklas, die durch ihre hell/dunklen Zwillingslamellenstreifen auffallen.

Intermediäre Laven

Trachyt besteht aus bis zu 10% Quarz, Feldspat (Albit, Sanidin oder Natrium-Kalium-Varietäten) sowie Dunkelmineralen wie Biotit, Hornblende und Augit. In einer feinkörnigen Matrix kommen Plagioklas und oft auch Sanidin als Einsprenglinge vor. Die trachytische Struktur dominiert; sie wird gebildet von schmalen Feldspatleisten, die sich nach der Fließrichtung des heißen Lavastroms ausgerichtet und ihn so konserviert haben. Die Farbe der Trachyte wechselt von weiß nach grau und rosa nach braun. Steigender Quarzanteil läßt sie zu Rhyolithen werden, steigender Calciumplagioklasanteil zu Alkalibasalten. Andesit ist chemisch dem Diorit nahe. Er enthält als Plagioklase Oligoklas bis Andesin, Pyroxene, Amphibole und Biotit sowie weniger als 10% Quarz. Andesite sind oft porphyrisch, eingesprengt sind Feldspat oder Pyroxen, und sie kristallisieren oft blasig, amygdaloid oder sind einfach glasig. Sie sind dunkler als Rhyolithe, in den Farben braun, rötlich, grün oder grau.

Andesitischer Bims. Er ist von so extrem blasiger Textur, daß er zu schwimmen vermag. Fundort sind die pleistozänen Vulkane der Region Puy de Parion, Auvergne. (L)

Weißer Trachyt. Dieser karbonische Trachyt enthält zahlreiche weiße Feldspäte und fast 10% hellen Quarz; die Struktur ist porphyrisch. Fundort Schottland. (L)

Blasiger Andesit. Dieses Handstück von einer jüngst erfolgten Vulkaneruption zeigt zahlreiche ungefüllte Hohlraumblasen. Fundort Mittelamerika. (CP)

Andesit. Feinkörniges, rosafarbenes porphyrisches Handstück mit eingesprengten hellen Feldspäten. Die rosa Farbe stammt z.T. aus den hämatitführenden Schichten, die die ordovizische Lava dieses Andesits überlagert. Fundort W-Cumbria, England. (CP)

Trachytisches Agglomerat. Diese vulkanische Breccie besteht aus Bruchstücken des Nebengesteins vermischt mit Trachytlava. Solche Agglomerate finden sich oft in Kraternähe. Fundort Italien. (L)

Andesit. Von einer kürzlich sich ereigneten Eruption stammt dieses Handstück mit porphyrischer Struktur, deren Einsprenglinge aus kleinen Pyroxenen bestehen. Fundort Mauna Kea, Hawaii. (K)

Trachyt. Porphyrische Struktur mit feinkörniger Matrix und hellen, kleinen eingesprengten Feldspäten. Fundort DDR. (K)

Dunkler Andesit. Oft werden Minerale, Struktur und Textur eines Gesteins erst durch Anschneiden und Polieren klar erkennbar. Meist genügt auch schon einfaches Befeuchten. Pyroxen- und Feldspateinsprenglinge verleihen diesem Andesit seinen porphyrischen Charakter. Fundort N-Wales. (K)

Rosa Trachyt. Rosa Feldspäte in der Matrix sind verantwortlich für das Erscheinungsbild dieses Trachyts. Die schwarzen Einsprenglinge sind Amphibole. Fundort Peru. (L)

Porphyrischer Andesit. Große Pyroxeneinsprenglinge beinhaltet dieses blasige Vulkangestein. Fundort ist der Vulkan Poas auf Costa Rica. (CP)

Dichter Trachyt. Keinerlei Einsprenglinge enthält dieser Trachyt aus Tay Bridge, Schottland. (K)

Poas ist ein aktiver Andesitvulkan in Costa Rica. Ein Kratersee aus sauren Lösungen nimmt einen Gutteil des Kratergrunds ein. Jenseits des Sees sieht man alternierende Schichten aus Asche und Lava. Rechts des Sees dampfen aktive Fumarolen. Andesitvulkane gehören zum explosiven Stratovulkanismus, das meiste Gestein ist daher porös bzw. von blasiger Struktur.

Olivingabbro
Leukogabbro
Gabbro, Skaergaard-Komplex
Gabbro
Serpentinit
Dunit
Serpentinit
Bojit
Peridotit

Die Cuillin Hills auf der Isle of Skye

Basische und ultrabasische Gesteine

Gabbro ist ein grobkörniges, dunkles magmatisches Gestein von basischem Chemismus; er kann in Form riesiger Plutone vorkommen. Das sind in der Regel komplexe, schüssel- oder gangförmig gebaute, lagig intrudierte Massen. Aber auch andere Ultrabasite intrudieren in solchen Formen, ebenso wie in Gänge und Lagergänge. Gabbro bevorzugt sogenannte layered intrusions, also geschichtete Intrusionskörper, wie im Skaergaard-Pluton Grönlands. Neben Calciumplagioklasen (Labradorit bis Anorthit) kommen Pyroxen und Olivin als Hauptminerale vor; Quarz, Hornblende, Biotit und Magnetit sind Nebenminerale. Bei Zunahme der Dunkelminerale geht Gabbro in Peridotit über, und falls der Feldspatgehalt zunimmt, in Anorthosit. Gabbros neigen zur Gleichkörnigkeit, Einsprenglinge sind ungewöhnlich. Jedoch ist die ophitische Struktur, d.h. wenn idiomorphe Plagioklasleisten von Pyroxen eingeschlossen sind, recht häufig. Dolerit und Basalt sind äquivalente Gesteine des Gabbros, jedoch von mittel- bis kleinkörniger Struktur.

Peridotit ist das weitverbreitetste ultrabasische Gestein, meist grobkörnig, von körniger Struktur und dunkler Farbe. Oft ist er sogar monomineralisch aus Olivin aufgebaut, nur Pyroxen, Granat und Amphibol sind beigemengt. Bei zusätzlichem Feldspatanteil geht er in Picrit über, der aus den Dunkelmineralen und ca. 10% Feldspat besteht. Auch Peridotit intrudiert oft als geschichteter Körper; da sie gerne zusammen mit Gabbros vorkommen, gehen sie vermutlich aus ultrabasischen Magmen hervor. Eine breite Palette ultrabasischer Gesteine ist bekannt, und manche sind direkt nach ihrem bestimmenden Mineral benannt: Olivinit, Pyroxenit, Hornblendit oder Serpentinit. Der SiO_2-Gehalt beträgt weniger als 45%, während Minerale mit den Spurenelementen Chrom, Platin oder Palladium fast nur in den Ultrabasiten wirtschaftlich vorkommen.

Olivingabbro. Ein dunkles, grobkörniges, schwarz/weiß geflecktes Gestein. Die hellen Flecke sind Plagioklase, die dunklen Augit. Blaßgrüne, körnige Olivinpartikel können mit der Lupe identifiziert werden. Fundort Isle of Skye, Schottland. (K)

Leukogabbro. Wegen seiner zahlreicheren Feldspäte ist er heller als normaler Gabbro, während Hornblende mengenmäßig über Augit dominiert. In den Kristallzwickeln sitzen interstitiell Quarz und Orthoklas. Fundort Carrock Fell, England. (CP)

Skaergaard-Komplex-Gabbro. Große Pyroxene gruppieren sich ungeordnet um helle Plagioklase. Einige körnige Olivinkristalle sind auch zugegen. Die Form der gesamten Intrusion gleicht einem Stapel riesiger Schüsseln. Fundort Ostgrönland. (CP)

Gabbro. Typisch die gesprenkelte Struktur aus hellem Plagioklas und dunklem Pyroxen. Fundort Grampians, Schottland. (L)

Serpentinit. Ein dunkles Gestein, oft grau, rötlich oder grün. Er ist grob- bis mittelkörnig, enthält Serpentinminerale wie faserigen Chrysotil oder blättrigen Antigorit, zusammen mit Olivin, Magnetit und anderen Fe-Mg-Mineralen. Serpentinit entstammt originärem Magma oder entsteht durch Umwandlung (Hydratation) ultrabasischer Gesteine. (CP)

Dunit. Körniges, grün bis braunes ultrabasisches Gestein; dieses Handstück zeigt die typische zuckerkörnige Struktur. Mit über 90% Olivin ist Dunit als monomineralisch zu bezeichnen und heißt oft auch Olivinit. Chromit ist Nebenmineral und Dunit ist häufig vergesellschaftet mit wirtschaftlich bedeutenden Chrom- und Platinlagerstätten. Fundort N-Carolina, USA. (K)

Bojit. Außergewöhnlich großkörniges Gabbrogestein mit großen Plagioklaskristallen, dunkelgrünen Amphibolen und etwas Pyroxen. Magnetit ist als Nebenmineral häufig vorhanden. Fundort Angmagssalik, Grönland. (K)

Peridotit. Dunkles, schweres Gestein mit körniger Struktur. Großen Anteil hat Olivin, weitere Fe-Mg-Minerale sind vertreten. Fundort NW-Schottland. (K)

Die Cuillin Hills auf der Insel Skye an der Westküste Schottlands sind großteils aus Gabbrogesteinen aufgebaut, die zu steilen Felsgraten verwittert sind, worüber sich die Bergsteiger freuen. Im Vordergrund des Bildes das hübsche Beispiel eines tafoniverwitterten jurassischen Sandsteins.

Anorthosit

Anorthosit. Grobkörniges, basisches Plutongestein mit mehr als 80% Plagioklas, meist Labradorit. Fe-Mg-Minerale machen den Rest dieses Gesteins aus. Das vorliegende Stück zeigt große helle Plagioklasbezirke sowie dunklen Pyroxen, der sehr interessante Reaktionssäume von rotem Granat aufweist. Anorthosit bildet domartige sowie die bekannten geschichteten Intrusionen. Auch als Mondgestein wurde er gefunden und auf ein Alter von über 4 Millarden Jahre datiert. (K)

Mittel- bis feinkörnige basische Gesteine

Olivinbasalt. Dunkles, feinkörniges Vulkangestein mit zahlreichen Gasblasenhohlräumen (bis 2 mm ø). In diesem Handstück befinden sich große, grüne Olivinkristalle. Mit der Lupe lassen sich keinerlei Minerale der Grundmasse mehr erkennen. Fundort Gran Canaria, Kanaren. (C)

Dolerit. Chemisch entspricht er Gabbros und Basalten, aber wegen seiner mittelkörnigen Struktur geben ihm die Hauptminerale Plagioklas und Pyroxen ein gesprenkeltes Aussehen. Weitere Bestandteile sind Quarz (unter 10%), Olivin und Magnetit. Dolerit kühlt langsamer ab als Basalt und bildet subvulkanische Intrusionen in Form von Gängen und Lagergängen. (CP)

Troktolith. Wegen seiner hübschen fleckigen Farbgebung auch ‚Forellenstein' genannt. Er ist chemisch zwar mit Gabbros und Doleriten verwandt, doch fehlt es ihm an Pyroxenen; dafür aber reich an Plagioklas und bräunlichem Olivin. Im Dünnschliff sieht man um die Olivine Reaktionssäume von Pyroxen. (K)

Basalt. Düsteres, feinkörniges Gestein ohne auffällige Oberflächenstruktur. Das Handstück zeigt keine Merkmale wie etwa Hohlräume oder Einsprenglinge. Erst im Dünnschliff erkennt man die schmalen Plagioklasleisten und Kristalle wie Pyroxen, Olivin und Magnetit. Fundort Ätna, Sizilien. (CP)

Angewitterter Dolerit. Das Handstück, ein porphyrischer Dolerit, zeigt die für fein- bis mittelkörnige basische Magmatite oft typische kugelige Absonderung unter Verwitterungsbedingungen. Er hat eine oxidierte ‚verrostete' Oberfläche und durch eindringendes Wasser haben sich, einer Zwiebel gleich, konzentrische Schalen abgelöst. Das saure Regenwasser greift die Minerale auf den Klüften an und baut sie in Form einer dünnen Schale zu Bicarbonaten und Tonmineralen ab. (CP)

Mandelsteinbasalt. Dieses Beispiel enthält zahlreiche rundliche Flecke (bis 5 mm groß). Es sind Mandeln, mit Calcit gefüllte Gasblasen. Fundort Antrim, N-Irland. (L)

Dolerit mit zwei Korngrößen. Das zentrale Band zeigt eine gabbroide Struktur, in dem der Plagioklas und der Pyroxen leicht zu erkennen sind. (CP)

Mandelstein-Olivinbasalt. Handstück mit feinkörniger, grüner Matrix und angerosteter Oberfläche. Die Mandeln sind elliptisch rund

Whin Sill

Basalt, Dünnschliff

Dolerit, Dünnschliff

und sind mit Calcit mit sichtbaren rhombischen Kristallen verfüllt. Die Matrix besteht aus Plagioklas, Pyroxen und Olivin, etwas Quarz ist zugegen. Blasige und amygdaloide Basalte sind im oberen Bereich von Lavaströmen nicht selten. Fundort Cumbria, England. (CP)

Porphyrischer Basalt. Dunkle, feinkörnige Matrix mit leuchtend graugrünen Einsprenglingen (bis 1 cm lang) aus Plagioklasen. Die idiomorphen, tafeligen Kristalle haben sich noch vor der Eruption, als die Lava noch flüssig war, ausgeschieden. (CP)

Norit. Mittel- bis kleinkörniges Gestein gabbroider Zusammensetzung. Olivin ist jedoch so gut wie abwesend, Orthopyroxen dagegen häufig. In Gabbros und Dolerit herrscht im Vergleich dazu Klinopyroxen (Augit) vor. (K)

Spilit. Feinkörniges basisches Gestein mit häufig anzutreffender blasiger oder amygdaloider Textur (wie in diesem Beispiel). Die hellen Mandelhohlräume sind mit Calcit ausgekleidet, wenngleich hier auch oft Quarz als Füllung vorkommt. Als Plagioklas tritt Albit auf, sodann Augit, bzw. eines seiner Umwandlungsminerale, etwa Chlorit. Spilit ist typisch für Kissenlaven in Gesellschaft mit Tiefseesedimenten. Daraus ergibt sich die anhaltende Debatte über seine Entstehung, etwa daß der Chemismus auf einer Reaktion zwischen basaltischer Lava und Meerwasser beruht. Fundort Nassau, Bahamas. (C)

Whin Sill. Dieser ausgedehnte Doleritgang streicht parallel zu karbonischen Sedimentgesteinen in NO-England. Das Gestein ist dunkel, mittelkörnig und weist ein radiometrisches Alter von 295 Mill. Jahren auf. Seine Verwitterungsbeständigkeit ist verantwortlich für viele Kliffs und Steilwände. In diesem Kliff an der Küste Northumberlands sind die senkrechten Säulen von Seevögeln ‚gestrichen' worden.

Basalt. Dieser Dünnschliff (Vergr. 30fach) zeigt eine Masse an Kristallen, die sich von dem Doleritschliff nebenan ganz erheblich unterscheidet. Wichtigster Grund dafür ist das raschere Abkühlen des Basalts, wodurch feinkörnige Kristalle entstehen. Die hellgrauen, länglichen Kristalle sind Plagioklasleisten, die braunen, blaugrünen und grünen sind Pyroxene. Links im Schliffbild sieht man einige runde, farbenfrohe Körner von Olivin, und ein paar schwarze, opake Eisenoxide sind über das Sehfeld verteilt.

Dolerit. Bei 30facher Vergrößerung im Dünnschliff wirkt der Dolerit sehr attraktiv, besonders wenn man das unscheinbare Aussehen des Handstücks bedenkt. Im Vergleich mit dem Basaltdünnschliffbild fallen die größeren, schöner entwickelten Minerale ins Auge. Man sieht zahlreiche prismatische Plagioklase mit ihren Zwillingsbildungen, die durch die abwechselnd helle und dunkle Längsstreifung erkennbar sind. Die leuchtend gefärbten Minerale sind Pyroxene.

Pyroklastite

Vulkanische Bombe. Typische Spindelform, die durch den Selbstdrall des im Flug erstarrenden Lavamaterials zustande kommt. Fundort Kilauea, Hawaii. (K)

Bims. Produkt des explosiven Vulkanismus rhyolithischer und andesitischer Laven. Entsteht durch schlagartiges Freiwerden der in der Lava einschlossenen Gase, vergleichbar einem ‚Aufschäumen' der Masse. Fundort Neuseeland. (K)

Pahoehoe-Lava (Stricklava). Diese Erstarrungsform bildet sich, wenn sich basaltische Lava unter einer plastisch verfestigten Haut noch bewegt. Sie zerrt von unten an der Haut und zieht Querfalten in diese, die schließlich mit fest werden. Entgasungen während dieses Vorgangs finden kaum statt, die Lava ist blasig. Der Name ‚Pahoehoe' ist hawaiianisch für dieses Gestein. Fundorte Island (Mitte), Gran Canaria (links unten) und zweimal Mauna Loa, Hawaii (Mitte unten und rechts). (CP, C)

Schlacke. Abkühlende Lava bringt eine Vielfalt an Erstarrungsformen hervor. Wenn kleinere Eruptionen durch eine Masse an gasreicher, mobiler Lava ausgelöst werden, entwickeln sich Schlackenkegel, die solche Schweißschlacken ausstoßen können. (K)

Agglomerat. Ein pyroklastisches Gestein von grober Korngröße mit eckigen Bruchstücken, die mehr als 2 cm groß sind. Letztere bestehen aus Lavafetzen, die oft bimsartig aufgeschäumt sind, sowie Nebengestein, das mitgerissen wurde. Auch sind bombenartige Stücke oft dabei. Agglomerate finden sich nahe oder innerhalb des Kraters. (C, L)

Tuff. Entspricht verfestigter vulkanischer Asche und tritt in Form reiner Tuffschichten auf, insbesondere unter Wasser. Gradierte Schichtung und andere Sedimentstrukturen sind häufig. Die Partikel sind feinkörnig, gewöhnlich sind sie unter 2 mm groß. Aschen entstehen aus ganz verschiedenen Ausgangssubstraten: kleine Lavafetzen, Feldspatkristalle, Dunkelminerale, Glassplitter und Gesteinsfragmente. Die Asche vom Ausbruch des Mount St. Helens stieg 20 km hoch empor, die des Tambora in Indonesien im Jahre 1815 wurde 50 km hoch geschleudert. Solche Aschewolken werden durch vorherrschende Winde hoch in der Stratosphäre verteilt und treten oftmals eine weltweite Reise an – manchmal sogar mehrmals um die Erde. In manchen stratigraphischen Profilen verwenden die Geologen solche dünnen Tuffhorizonte als Zeitmarken (z.B. Aschen des Laacher Vulkanismus).

Pelées Haar. Feine Fäden aus Basalt, die sich über einem Lavasee bilden, wenn Lavagischt vom Wind verzogen wird. Pelée ist eine Göttin der Hawaiianer, die im Vulkan Kilauea wohnt. (CP)

Tuff. Im Dünnschliff (Vergr. 20fach) erscheint vulkanischer Tuff als ein Gemenge unregelmäßiger Bruchstücke, die mit einer ausgezogenen Masse an Lava, hier Andesit, verschweißt sind.

Pelées Haar

Tuff, Dünnschliff

Metamorphe Gesteine

Die Gesteinsmetamorphose ist die Umwandlung existierender Gesteine durch höhere Temperatur- und Druckbedingungen sowie chemische Lösungen. Ort der Umwandlung sind unterschiedliche Bereiche in der Erdkruste, wo dem Gestein die ‚neuen' Merkmale der geänderten Bedingungen aufgeprägt werden. Diese Umgebungsbedingungen schwanken von schwach bis extrem, und so definiert man Metamorphose u.a. auch als jenen Prozeß, der neue Mineralarten produziert, die im Gleichgewicht mit den neuen Bedingungen stehen, ohne daß es jedoch zur Aufschmelzung kommt. Bei hohen Temperaturen und Drücken wird das Gestein nämlich zähplastisch und verformbar, und oberhalb bestimmter Werte schmilzt es auf. Die höchsten Temperaturen, die noch zur Metamorphose zählen, liegen bei etwa 700 °C, während der zugehörige Grenzdruck bei ca. 6 kbar liegt. Gerichteter Druck, *Streß* genannt, entsteht durch großräumige Bewegungen der Erdkruste und schlägt sich nieder in Faltenbildung und Bruchtektonik, bei der fast alle alten Strukturelemente (z.B. Sedimentstrukturen) getilgt und stattdessen eine Vielfalt neuer Texturen wie Foliation, Schieferung, Striemung oder Kleinfaltungen angelegt werden. In der Tiefe führen zirkulierende heiße Lösungen Ionen weg, bringen neue herbei und verändern so die Mineralzusammensetzung. Es gibt drei Arten der Metamorphose: Die *Regionalmetamorphose* mit großräumiger Durchbewegung der Gesteine, typisch für Orogenesen; die *Kontaktmetamorphose* in der Umgebung einer Intrusion, bei der das Nebengestein thermisch verändert wird; und die *Dynamometamorphose* nächst großtektonischer Bewegungsbahnen, bei der Gesteine durchgeknetet oder total ausgewalzt und zerbrochen werden.

Tonschiefer. Schwach metamorphes Gestein der niedrigsten Stufe der Regionalmetamorphose. Nur Ton, Schieferton, Siltstein oder vulkanische Aschen sind dazu imstande. Tonschiefer ist ein feinkörniges Gestein mit Schieferungstextur, an der es in dünne Platten spaltbar ist. Dieses Beispiel zeigt eine Spaltfläche, auf der als Flächenspur noch gut die einstigen Schichtungen des Sediments ersichtlich sind.

Gneis. Am hochgradigen Ende der Skala regionalmetamorpher Prozesse steht dieses stark umgewandelte Gestein von grobkörniger Struktur. Die hellen Minerale sind Quarz und Feldspäte, die mit dunklen Bändern aus Amphibol und Biotit durchzogen werden.

Doleritintrusion in Schieferton und Sandstein. Die Wirkungen der Kontaktmetamorphose hängen ab von der Dimension des Intrusionskörpers, der Art des Nebengesteins und des Magmas, das die Reaktionswärme bereitstellt. Dieser kleinere Doleritintrusionskörper mit deutlicher Blockbildung und rostig-oxidierten Oberflächen ist in Schieferton und Sandstein eingedrungen. Das ursprünglich dunkle Tongestein ist am Kontakt zum Dolerit extrem aufgehellt, weil ‚aufgebacken' worden. Der Sandstein zuoberst ist hingegen von der Hitze unbehelligt geblieben und zeigt sich unverändert.

Doleritintrusion in Schieferton und Sandstein

Tonschiefer

Gneis

Tonschiefer

Phyllit

Phyllit

Tonschiefer mit Schieferungsflächen

Tonschiefer

Tonschiefer

Tonschiefer mit Pyrit

Regionalmetamorphose

Die Regionalmetamorphose setzt sich aus mehreren Teilprozessen zusammen, die allesamt grundlegende Veränderungen für ein Gestein, das in ihren Einflußbereich gerät, bedeuten. Sie wirkt großräumig, Kontinente umspannend. Riesige Areale präkambrischer Gesteinsserien sowie Gebiete, in denen Gebirgsbildungen (Orogenesen) erfolgten, durchliefen regionalmetamorphe Prozesse. Art und Umfang der Metamorphose hängen stark von der Tiefenlage dieser Prozesse ab. In großen Tiefen zirkulieren heiße Lösungen und unterstützen die Gesteinsumwandlungen durch chemische Reaktionen. In den oberen Grenzbereichen von Druck und Temperatur wird das Gestein zähplastisch, bis mit Überschreiten dieser Grenzen die teilweise bis völlige Aufschmelzung erreicht wird und magmatische Teilschmelzen entstehen können. Die Gesteine der Regionalmetamorphose zeigen eine bevorzugte Einregelung ihrer Minerale und damit neue Texturelemente wie Foliation, Schieferung und Gneisbänderung.

Niedriggradige Regionalmetamorphose

Tonschiefer. Ein Gestein, das sehr leicht in dünne Platten zu spalten ist. Der Grund ist die ausgeprägte Spaltbarkeit als Ausdruck der parallelen Ausrichtung von Schichtsilicaten wie Glimmern oder Chlorit infolge des auf das Gestein einwirkenden Drucks. Tonschiefer entwickelt sich aus feinkörnigen pelitischen Sedimenten wie Ton, Schlamm oder Silt, aber auch aus feinkörnigen vulkanischen Aschen. Schichtung und andere Sedimentstrukturen sind oftmals noch erhalten, ebenso wie Fossilien, wenngleich manchmal deformiert. Die Schieferung kann in jedem Winkel zur einstigen Schichtung stehen, entwickelt sich aber meist senkrecht zur Druckrichtung. Wenn miteinander abwechselnde Lagen aus Ton- und Sandstein gering metamorphisiert werden, entwickelt der Tonstein Schieferung, der Sandstein nicht. Die Minerale der Tonschiefer sind so feinkörnig, daß sie sich dem bloßen Auge entziehen. Es sind Glimmer, Quarz, Tonminerale und andere Bestandteile des ursprünglichen Gesteins. Schöne idiomorphe Porphyroblasten von Pyrit sind recht häufig. Tonschiefer haben gedämpfte Farben von grün über grau bis schwarz. Im Bild links zeigt einer noch sedimentäre Schichtung (Mitte links), einer ist leicht bituminös (links unten) und der dritte (rechts unten) präsentiert sich mit Pyritporphyroblasten. (CP)

Phyllit. Gestein, das vom Metamorphosegrad zwischen Tonschiefer und kristallinem Schiefer steht. Phyllite sind etwas gröber gekörnt als Tonschiefer und eine wellige Foliation tritt an die Stelle von Schiefrigkeit. Es kann eine Abtrennung von Mineralen in glimmerreiche sowie quarz- oder feldspatreiche Bänder stattfinden. Sie sind meist von feinem Korn, so daß zur genaueren Beobachtung eine Feldlupe nötig ist. Die phänotypische Vorherrschaft des Glimmers verleiht dem Phyllit seinen silbrig-seidigen Glanz. Feinkörnige Pelite und Schiefertone sind die Ausgangssubstrate der Phyllite; ihre Farbskala reicht von dunkelgrau bis grün, insbesondere wenn Chlorit Bestandteil ist. (K)

Tonschiefer mit Schieferungsflächen

Tonschiefer mit Schieferungsflächen. Diese steil einfallenden Tonschiefer zeigen beides, Schichtung und Schieferung. Letztere ist identisch mit den steilstehenden, scharfen Kanten des Kliffs, während rechts im Bild die glatte, sonnenbeleuchtete Fläche eine ehemalige Schichtfläche darstellt.

Tonschiefer. Im Dünnschliff bei hoher Vergrößerung erscheint er als feines Gemenge aus Quarz und Glimmern. Anders als die leuchtenden Farben der Glimmer ist Quarz grau oder schwarz. Der Tonschiefer ähnelt noch stark dem nichtmetamorphen Schieferton oder Tonstein, nur die erkennbare Orientierung der Körner läßt auf metamorph induzierten, gerichteten Druck (Streß) schließen.

Tonschiefer, Dünnschliff

Hornblendeschiefer

Granatglimmerschiefer

Biotitschiefer

Marmor

Muskovitschiefer

Disthenschiefer

Disthenschiefer

Muskovit-Chloritschiefer

Faltengebirge

Mittelgradige Regionalmetamorphose

Bei diesem Metamorphosegrad sind Druck und Temperatur höher als bei der Tonschieferentstehung. Die Mineralogie der kristallinen Schiefer und anderer Gesteine lassen ziemlich genaue Schlüsse zu, welche chemisch-physikalischen Bedingungen in dieser Metamorphosezone vorherrschen. So konnten im schottischen Hochland mit Hilfe bestimmter, kritischer Minerale Zonen progressiver (fortschreitender) Metamorphose sehr präzise kartiert werden. Die am wenigsten metamorphen Chloritschiefer gehen in zunächst an Biotit reiche, dann durch Disthen und Sillimanit ausgezeichnete kristalline Schiefer, entsprechend einem steigenden Metamorphosegrad, über. Kristalline Schiefer sind Typgesteine des mittleren Metamorphosegrads mit welliger Foliation (bzw. Schieferung) infolge der flächenparallelen Ausrichtung der Glimmer. Quarz und Feldspat sowie Fe-Mg-Minerale, je nach Ausgangsgestein, sind zugegen. Granate in Form von Porphyroblasten sind häufig, doch selten von auffallender Größe. Amphibolite sind körnige Metamorphite aus Hornblende und Plagioklasen, die sich aus basischen Magmatiten entwickelt haben. Geraten Karbonatgesteine in die mittelgradige Metamorphose, so entstehen Marmore mit paralleler Mineralausrichtung und Kalksilicatmineralen, die den Verunreinigungen in den Karbonaten entstammen. Quarz und Tonminerale ergeben z.B. Diopsid, Granat und Olivin. Kristalline Schiefer und verwandte Gesteine bilden sich in Zentrumsnähe von Orogenesen und in mittleren Tiefenlagen. Zahlreiche Gesteine können in dieser Zone metamorphisiert werden, beispielsweise Pelite, Schiefertone, Phyllite, Sandsteine und auch einige magmatische Gesteine.

Biotitschiefer. Dunkles, mittelkörniges Gestein mit schwarzem Biotit auf den Schieferungsflächen sowie Quarz und Feldspat. Ausgangsgestein sind tonige Sedimente. (K)

Hornblendeschiefer. Grünliches Gestein mit etwas Granat und Feldspat zwischen den silbrig glänzenden Amphibolen. Ausgeprägte Schiefrigkeit. Ausgangsgestein war vermutlich ein basischer Magmatit. (CP)

Granatglimmerschiefer. Mittelkörniges, muskovitreiches Gestein mit schönen Granatporphyroblasten auf den Schieferungsflächen; daneben noch Quarz und Chlorit. Die Granate weisen auf stärkere Metamorphoseprozesse hin, als sie beim Biotitschiefer wirksam sind. (K)

Muskovitschiefer. Wesentlich heller als Biotitschiefer wegen des silbrig glänzenden Muskovits neben Quarz und Feldspat. (CP)

Marmor. Die dunkleren, eingeregelten Kalksilicatminerale legen den Schluß nahe, daß dieses Gestein ein Produkt der Regionalmetamorphose ist. Dominierendes Hauptmineral ist Calcit, der anhand der Messerprobe (läßt sich ritzen) erkennbar ist. Außerdem reagiert er deutlich mit kalter verdünnter Salzsäure. (K)

Disthenschiefer. Disthen weist auf starke Metamorphosebedingungen hin und besteht aus grobem bis mittleren Korn. Zwei Beispiele sind abgebildet: ein dunklerer mit reichlich Biotit, und ein hellerer mit Muskovit. Beide enthalten sowohl Quarz wie Feldspat; der hellere Disthenschiefer enthält einige Granatporphyroblasten sowie kleine Disthenflitter, die parallel zur Schieferung liegen. (K)

Glimmerschiefer, Dünnschliff

Muskovit-Chloritschiefer. Dieses Gestein mit seinen welligen Schieferungsflächen enthält reichlich Muskovit sowie Chlorit, von dem der grünliche Glanz stammt. Mit Biotit und Quarz. (K)

Faltengebirge. In den Gebirgswurzeln der Westalpen herrschen Metamorphosebedingungen, wie sie für die Bildung von kristallinen Schiefern nötig sind. Erst nach der Erosion großer Teile des Deckgebirges kommen solche Gesteine wie die Schiefer ans Tageslicht.

Glimmerschiefer. Dieser Dünnschliff zeigt eine gröbere Körnung als beim Tonschieferdünnschliff sowie eine deutlichere Einregelung der Minerale. Quarz erscheint hell und grau, die Glimmer als kräftig grüne und braune Partikel, zur Schieferungsrichtung (Bilddiagonale) liegend.

Gneis, Dünnschliff

Hochgradige Regionalmetamorphose

Gesteine wie Gneis und Eklogit entstehen bei extrem hohen Druck- und Temperaturbedingungen tief im Innern von Orogengürteln. An die Oberfläche kommen solche Gesteine folglich erst nach massiven Abtragungen der Hüllgesteine durch die Erosion. In diesen Tiefen bewirken die chemisch-physikalischen Bedingungen sowie die Porenlösungen eine höchst einschneidende Veränderung der Gesteine. Bestimmte Mineralarten erfahren eine Auftrennung, was etwa dem Gneis seine typische Bänderung verleiht: Quarz/Feldspat-Bänder wechseln mit Biotit- und Hornblendebändern ab. Gneise sind grobkörnig, von körniger Struktur und können sich aus einer ganzen Reihe magmatischer und sedimentärer Gesteine entwickeln. Die Gneisbänderung kann einige Millimeter, aber auch einen Meter breit sein, und dieses Texturelement ist weit weniger gleichmäßig als die Schieferung der niedrig- bis mittelmetamorphen Gesteine. Vielmehr erinnert die Bänderung an weichplastische Verformungen, wie in einem Kuchenteig. Gneise sind stark beteiligt an den Basementgesteinen der präkambrischen Schilde Kanadas, Grönlands, der Sowjetunion, Skandinaviens und der Südkontinente. Ihr Chemismus ist ähnlich dem der Granite (wenngleich er von sauer bis basisch reichen kann), während der der Eklogite dem von basischen Magmatiten nahekommt; Eklogit besteht aus reichlich Pyroxen (oft Omphazit) und Granat und zeigt hat eine grobkörnige Struktur. Seine sehr hohe Dichte läßt eine entsprechende große Bildungstiefe erwarten, was ferner durch sein xenolithisches Auftreten in geologischen Körpern wie Kimberlit-Pipes und großen Störungszonen belegt wird.

Gneis-Dünnschliff. Gneis ist wesentlich gröber gekörnt als die kristallinen Schiefer; hier füllen nur wenige, eingeregelte Kristalle das ganze Bild. Dieses Beispiel führt große Hornblenden in den Bändern, die an ihren typischen, unter 124° sich kreuzenden Spaltrissen erkennbar sind. Quarze sind auch zu sehen.

Eklogit. Sehr typisches Handstück mit rotem Granat und grünem Pyroxen. Fundort Grönland. (K)

Granulit. Ein dunkles, grobkörniges Gestein mit nur schwach ausgeprägter Mineraleinregelung. Diese Probe enthält Pyroxen, Feldspat und etwas Quarz. Granulite entstehen unter ähnlichen Metamorphosebedingungen wie Eklogit. Fundort N-Schottland. (K)

Eklogit. Dieses Handstück enthält Granat, Pyroxen und Amphibol. Fundort S-Schottland. (K)

Augengneis. In bestimmten Gneisen entwickeln sich die Feldspäte zu regelrechten ‚Augen', die Bänderung ist auf diese Weise unterbrochen worden. Grünlicher Amphibol, roter Granat und helle Quarze und Feldspäte bestimmen das Erscheinungsbild. Fundort Österreich. (CP)

Gneis-Landschaft

Gneis. Typische dunkle Bänder aus Biotit und Hornblende wechseln mit hellen Bändern aus Quarz und rosa Orthoklas. Fundort N-Kanada. (CP)

Gneis. Deutliche, dunkle Bänder aus Biotit und helle, quarz- und feldspatreiche Bänder wechseln einander ab. Fundort Lewisian-Komplex, Schottland. (CP)

Körniger Gneis. Die Bänderung tritt hier zurück, nur noch angedeutet durchsetzen Biotitstreifen die grau-weißen Massen aus Feldspat und xenomorphem Quarz. (CP)

Amphibolit. Grobkörniges Gestein mit gut ausgebildeter Foliation, die durch die Masse an Amphibolen noch betont wird. Der Großteil der Amphibole ist Aktinolith; Granat und Feldspat sind ebenfalls zugegen. Meist sind basische Magmatite das Ausgangsgestein. (K)

Eklogit. Sehr dunkles, dichtes Handstück, zumeist aus Pyroxen mit roten Granatporphyroblasten. Fundort N-Norwegen. (K)

Amphibolit. Überwiegend schwarze prismatische Hornblenden dominieren in diesem grobkörnigen Probestück; sie orientieren sich längs der Foliation. Ferner sind Feldspat und Pyroxen in geringen Mengen enthalten. Fundort Schottland. (CP)

Gneisfalten

Gneis-Landschaft. Ein Gutteil der Gesteine der alten kontinentalen Schilde besteht aus hochmetamorphen Gneis-Serien, wie hier im Nordwesten Schottlands. Während des Präkambriums war der Wärmefluß der jungen Erde vermutlich viel höher als heute, was die Umwandlung großer Gesteinsareale zu Gneisen begünstigte. Wenn man berücksichtigt, daß Gneise gegenwärtig nur unter den Bedingungen der Gebirgsbildung entstehen können, wird klar, daß die extensiven Metamorphosen des Präkambriums nicht wiederholbar sind. Gneisareale bringen eine sanft gewellte Hügellandschaft hervor. Ähnliche Gebiete kennen wir aus Kanada, Grönland, Skandinavien, der Sowjetunion, dem Bayerischen Wald und dem Waldviertel.

Gneisfalten. Bei extremen Bedingungen der Regionalmetamorphose werden die Gesteine zähplastisch und damit verformbar; wie in diesem Fall einer glattpolierten Strandplatte ersichtlich, können die Gneisbänder verfaltet werden. Die Bilddiagonale beträgt hier ungefähr 2 m. Gesteine wie dieser Gneis, die aus Teilen metamorpher und Teilen magmatischer Komponenten zusammengestzt sind, heißen *Migmatite*.

Marmor
Marmor
Fleckschiefer
Hornfels
Chiastolithschiefer
Zuckermarmor
Metaquarzit
Hornfels
grauer Marmor

Kontaktmetamorphose und Dynamometamorphose

Wenn heißes Magma in der Erdkruste nach oben steigt, heizt es das Nebengestein in einem bestimmten Umgebungsbereich auf. Im unmittelbaren Kontakt beträgt die Aufheiztemperatur bis 1000 °C. Nun kommt es auf die Größe des Intrusionskörpers an: bei kleinen fällt der Aufheizbereich bei geringer Metamorphose rasch wieder ab, während große Batholithe das Nebengestein über viele Kilometer hinweg stark aufheizen und metamorphisieren. Die Ausdehnung der Kontaktaureole, also das metamorph beeinflußte Areal, hängt aber auch vom Nebengestein ab. Sandsteine und quarzreiche Sedimente erleiden weit weniger Veränderungen als z.B. feinkörnige, tonige Sedimente. Zusätzlich spielt auch der Magmentyp eine große Rolle. Basische Schmelzen sind heißer als saure, während letztere mehr heiße Lösungen und überkritische Gase mitführen, die in das Nebengestein diffundieren und seltenere Elemente dorthin importieren. In relativ homogen aufgebauten Nebengesteinskörpern fällt der Metamorphosegrad nach Art konzentrischer Kugelschalen vom Kontakt nach außen hin ab. Dies kann auch anhand kritischer Minerale (Chiastolith, Andalusit, Cordierit) kartiert werden, da sich diese Minerale nur in sehr engen Temperaturintervallen bilden können.

Fleckschiefer. Feinkörniges, auf pelitisches Sedimentgestein zurückgehendes Schiefergestein vom äußeren Rand einer Kontaktaureole. Die dunklen Flecke sind Neusprossungen von Cordierit aufgrund der Hitzeeinwirkung. (CP)

Marmor. Dieses kristalline Carbonatgestein entstand durch die Intrusion eines Syenitmagmas in dolomitische Kalksteine. Das Magnesium des Dolomits unterstützte die Neubildung von blaugrauem Brucit, ein Magnesiumhydroxid. (K)

Marmor. Dieser Marmor aus Calcitkristallen enthält außerdem Serpentinit und Forsterit als grünliche Flecke, die sich aus Verunreinigungen des ursprünglichen Kalksteins entwickelt haben. (K)

Chiastolithschiefer. Dieses Gestein erfuhr regional- und kontaktmetamorphe Überprägungen. Als toniges Sediment wurde es im Zuge einer Regionalmetamorphose zunächst in einen Schiefer umgewandelt, um später von einem Granit intrudiert zu werden. Die Schieferung der ersten Phase ist noch ersichtlich, während die dunklen Chiastolithe durch Neusprossung aufgrund der Hitzeeinwirkung kristallisierten. (CP)

Hornfels. Gesteine, die ganz nahe am Kontakt umgewandelt werden. Dieser einstige Vulkantuff ist zu einem harten, dichten Hornfels mit vielen braunroten Granaten, Quarz und Feldspat geworden. (CP)

Metaquarzit. Quarzreiche Sedimente werden umkristallisiert, und ihre Porenräume füllen sich mit neuen Quarzneusprossungen. So entsteht ein völlig verwobenes Mosaik aus Quarzkristallen. Das neue Gestein weist keine Schichtung mehr auf, der Erhalt anderer Sedimentstrukturen hängt vom Metamorphosegrad ab. (CP)

Dynamometamorphose

Marmor, Dünnschliff

Mylonit, Dünnschliff

Zuckermarmor. Sehr grobkörniges Gestein körniger Struktur, im Kontaktbereich eines Doleritgangs aus Kalkstein entstanden. (CP)

Hornfels. Feinkristallines Gestein ohne jegliche Sedimentstrukturen in der Aureole eines Granits entstanden. Quarzreich mit Biotit. (K)

Grauer Marmor. Ausgangsgestein ist dolomitischer Kalkstein. Er ist reich an grünem Olivin und dunklem Serpentin, die wie feine Adern den Marmor durchziehen. Diese Minerale beziehen ihr Magnesium aus dem Dolomit und Verunreinigungen des Kalksteins. (K)

Dynamometamorphose. Form der Metamorphose, die an großen Überschiebungsbahnen der Erdkruste vorkommt. Das Gestein an der Störungsfläche wird zermahlen und seitlich ausgequetscht. Die Minerale reagieren auf diese Beanspruchung spröde, mit Bruch und Kornzerfall. Im Bild geht eine Überschiebungsbahn diagonal durch den Hügel. Die tektonische Decke überfuhr jüngere Sedimente. In nächster Nähe dieses Kontakts fanden sich Mylonite, das sind Gesteine aus zerbrochenen und gequetschten Mineralen.

Marmor. Im Dünnschliff präsentiert sich Marmor als verzahntes Körnermosaik aus Calcit, der sich aus einem kontaktmetamorph veränderten Kalkstein entwickelte. Der Calcit zeigt charakteristische Spaltrisse sowie helleuchtende Farben im polarisierten Licht.

Mylonit. Ein stark ausgewalztes Gestein als Folge dynamometamorpher Vorgänge an tektonischen Überschiebungsbahnen. Die zerbrochenen Minerale und die durchbewegte Matrix verdeutlichen die gewaltigen Kräfte. (RMS)

Sedimentäre Gesteine

Die Gesteine dieser Familie bilden sich in unmittelbarer Umgebung unserer eigenen Lebenswelt, und so wundert es nicht, wenn wir zu ihnen einen leichteren Zugang finden als zu den magmatischen und metamorphen Gesteinen, deren Entstehungsort tief in der Erdkruste verborgen liegt. Das sogenannte Aktualitätsprinzip besagt, daß die Vorgänge der Gesteinsentstehung wie des Gesteinsabbaus, so wie wir sie heute in der Natur beobachten können, so oder in ähnlicher Weise auch in der Vergangenheit stattgefunden haben müßten. Dann können wir durch aktuelle Beobachtung (daher der Name) z.B. alte Ablagerungsräume rekonstruieren. Sedimentgesteine weisen meist eine bestimmte Schichtung auf, vergleichbar einem Stapel übereinanderliegender planer Gesteinsscheiben von beträchtlicher Ausdehnung. Es sind die Oberflächen der ehemaligen Sedimente. Die meisten Sedimentgesteine wurden als marine Sedimente abgelagert, daneben spielen auch noch Fluß-, See-, Gletscher- und Windsedimente eine Rolle.

Sedimentgesteine oder Sedimentite sind sekundäre Gesteine, das heißt, sie bestehen aus den Resten (Gesteinsbruchstücke, Minerale) einstiger, primärer Gesteine. Dieser Prozeß des Abbaus ist stetig, und er betrifft alle anstehenden Magmatite, Metamorphite, ältere Sedimentite und die Böden. Dieser Abbau gliedert sich in Verwitterung, Erosion, Transport und Ablagerung und er bedient sich verschiedener Systeme wie dem Fluß-, Gletscher- oder Windsystem. Alle Merkmale eines Gesteins, wie Chemismus, Mineralogie, Fossilinhalt, Struktur, Schichtung u.a. nennt man die Fazies. In ihrem differenzierten Zusammenspiel erlauben sie Rückschlüsse zu ziehen auf die Entstehungsbedingungen des betreffenden Gesteins und auf das Environment, in dem es entstand. Sedimente enthalten Fossilien und sind damit auch Forschungsobjekt der Paläontologie. Nicht zuletzt bergen sie auch die fossilen Brennstoffe und sind damit die wichtigsten Träger der Energieressourcen.

Nach der Ablagerung eines Sediments setzen vielfältige Prozesse ein, die es zu

Rot verwitterte Sandsteine in den Red Mountains, Oak Leaf Canyon, Arizona

einem festen Sedimentgestein umwandeln. Die Diagenese, so nennt man diese Vorgänge, findet bei niedrigen Temperaturen und Drücken in Erdoberflächennähe statt. Mit zunehmender Tiefe geht die Diagenese in die Metamorphose über. Zwei der wichtigsten Teilprozesse der Diagenese sind Kompaktion und Zementation. Durch die Kompaktion verkleinern sich die Porenräume, Porenwasser wird ausgepreßt und die Körnung wird dichter. Je dicker die Sedimentkörper, umso mehr wachsen Auflast und damit die Kompaktion. Bei der Zementation kommt es zu Ausfällungen von Porenzement in Form von Calcit, Quarz oder Eisenoxiden. Besonders in Kalksteinsedimenten setzt die Zementation sehr rasch nach der Ablagerung ein.

Bestimmte Elemente der tektonischen Geologie lassen sich am besten an Sedimentgesteinen studieren. Wenngleich alle Sedimente horizontal abgelagert werden, unterliegen sie bei Erdkrustenbewegungen verschiedenen Formen der Faltung und Bruchbildung. Der gegen der Horizontalen nun abweichende Winkel heißt das Fallen einer Schicht. Die senkrecht dazu stehende Schnittspurgerade der Horizontalen auf der Schichtfläche bezeichnet man als das Streichen; es wird in Grad (Nordrichtung = null Grad) angegeben.

Diskordanzen sind ein weiteres Charakteristikum von Sedimentgesteinen. Es sind Zäsuren in der Abfolge von Ablagerungen, oft verursacht durch Erosion einer oder mehrerer Schichten, wobei auf die entstandene Schichtlücke eine neue Schicht sedimentiert. Die Diskordanzfläche selbst verrät in der Regel die Art ihrer Entstehung – während marine Erosionsdiskordanzen glatte Formen zeigen, zeichnen sich alte Landoberflächen durch unregelmäßige Formen aus.

Auf den folgenden Seiten werden die drei Hauptfamilien sedimentärer Gesteine genauer dargelegt. Zunächst die *klastischen* Sedimentite mit Konglomeraten, Sandsteinen und Silt- und Tonsteinen; dann die *biogenen* Sedimentite wie Fossilkalke, Kohlen und Knochenbreccien; und schließlich die *chemischen* Sedimentite wie Kalksteine, Dolomite und Evaporite.

Winderodiertes Kliff, Westaustralien

Klastische Sedimente

Streichen und Fallen

Diskordanz

Streichen und Fallen. Ein Musterbeispiel dieser beiden, die Raumlage einer Schicht bestimmenden Größen zeigt die Wechsellagerung aus Kalken und Tonsteinen an der britischen Küste bei Somerset. Die weicheren Tonsteine sind schon herausgewittert, während die härteren Kalke als scharfkantige Grate stehengeblieben sind und landeinwärts einfallen. Das Fallen ist die steilste Schräge auf der Schichtfläche, während das Streichen senkrecht dazu verläuft, hier mit den Schichtköpfen in Richtung Bildhintergrund.

Diskordanz. Eine Diskordanz kann aus einer alten Erosionsoberfläche, auf die sich jüngere Sedimente ablagerten, bestehen. Diese nicht unmittelbar einzusehende Diskordanz im Norden Schottlands liegt zwischen den liegenden Gneisen mit ihrer hügeligen Landschaftsform und den aufsitzenden Sandsteinbergen im Hintergrund. Vor 900 Mio. Jahren bildete der Gneis eine sanft gewellte Oberfläche, über die große Flußsysteme ihre Sedimentlast verbreiteten, aus der sich durch Diagenese der Torridonian-Sandstein verfestigte.

Klastische Sedimente setzen sich aus den Bruchstücken älterer Gesteine zusammen. Diese Quarzkörner entstammen einem alten Sandstein aus der Trias. Heutige, junge Sande mit Partikel solcher Form und Größe sind typisch für aride, äolisch geprägte Erosionsgebiete, wie sie in Wüsten sind. Nach dem Aktualitätsprinzip ist die Annahme berechtigt, daß die Entstehung derartiger Sande heute nicht anders verläuft als vor 200 oder 400 Mio. Jahren.

Winderodiertes Kliff. Es demonstriert die geballte Kraft äolischer Erosion. Dieses Kliff in Westaustralien aus präkambrischem Granit präparierte der Wind aus dem Gestein heraus. Die dunklen Bänder gehen auf Eisen- und Manganausfällungen zurück.

Petrified Forest. Im Gebiet dieses National Monument in Arizona liegen diese Hügel aus Bentonit, das sind sehr feinkörnige, stark quellfähige Tone aus großteils Montmorillonit. Auch enthalten sie Silicate vulkanischer Laven. Die Tone bilden sich aus geschichteten vulkanischen Aschen, die entglast sind.

Petrified Forest in Arizona

Geschiebelehm (Tillit)

Kalksteinbreccie

Konglomerat

Breccie

eisenschüssiges Konglomerat

polygenetisches Konglomerat

Konglomeratreste auf einem Gneiskliff

Strandsedimente

Klastische Sedimentgesteine

Diese Familie der Sedimentite ist das Ergebnis von Verwitterung, Erosion, Transport und Ablagerung. Sie bestehen aus Bruchstücken (Klasten) älterer, bestehender Gesteine. Die genauere Zusammensetzung und Körnung eines klastischen Sediments hängt natürlich ab vom Charakter des Liefergebiets, von der Art des Ablagerungsmilieus und von den Prozessen der Diagenese, durch die das Sediment zum Sedimentgestein verfestigt wird. Alle diese Faktoren sind miteinander verzahnt und tragen zu der großen Vielfalt dieser Gesteine bei. Die Sedimententstehung findet gewissermaßen vor unseren Augen statt und gestattet uns aufgrund des Aktualitätsprinzips den zeitlichen Rückblick, wie Sedimente zu früheren Zeiten entstanden sein könnten. Klastische Sedimente bilden oft mächtige Ablagerungen, besonders wenn sie auf dem Schelf, in Flußdeltas oder Ozeangräben sedimentiert worden sind. Alle diese Sedimente zeichnen sich durch charakteristische Strukturen aus, die je nach Ablagerungsform beschaffen sein können.

Schichtung ist die häufigste Sedimentstruktur, im Zustand des Entstehens ist sie glatt und eben. Schichtflächen entwickeln sich bei Änderungen im Körnungs- und Chemismusbestand. Sedimentkörner, die in strömenden Medien wie Wasser oder Wind bewegt werden, lagern sich oft als Schrägschichtung ab. Wenn große Sedimentmassen mit breit gestreuter Körnung durch große Wasserkörper absinken, entstehen am Grund gradierte Schichtungen mit dem Grobkorn zuunterst, dem Feinkorn zuoberst. Ganz allgemein gilt, daß die Korngröße von der Entfernung des Liefergebiets sowie von der Energie des Transportmediums abhängt. So kann Gletschereis im Gegensatz zu Flüssen riesige Felsblöcke über Hunderte Kilometer verschleppen. Die gröberen Körner finden wir daher in Environments wie Strand oder Strandplatte, das Feinkorn hingegen weit draußen auf dem Schelf oder gar in der Tiefsee. Das gilt aber nur als Faustregel, denn es gibt Ausnahmen: So können die sog. Trübeströme, lawinenartige Rutschungen am Kontinentalrand, Grobsedimente bis in die Tiefsee hinausverlagern. Die chemische Zusammensetzung klastischer Sedimente hängt einmal vom Liefergebiet ab, zum andern von den chemischen Bedingungen des Ablagerungs- und Diagenesemilieus. Im allgemeinen haben diese Sedimente einen quarzdominierten Mineralbestand, weil der Quarz erstens häufig vorkommt und zweitens ein sehr widerstandsfähiges und zähes Mineral ist. Feldspäte sind weniger stabil, weshalb ihr Auftreten in Sedimenten einmal auf rasche Ablagerung, zum andern auf schwache chemische Verwitterungsbedingungen im Liefergebiet schließen läßt. Glimmer sind häufig in Sandsteinen, nicht jedoch in äolischen, da sie leichter verweht werden als andere Minerale. Die Fe-Mg-Minerale zerfallen sehr leicht und werden wie Feldspäte teils zu Tonmineralen umgewandelt, die sich in Sedimenten wiederfinden. Die Gerölle und Fragmente in den grobkörnigen Sedimenten sind leichter identifizierbar und können bis in ihr Liefergebiet zurückverfolgt werden, wie im Falle zahlreicher Gerölle der nord- und süddeutschen Gletscherablagerungen. Andere Minerale werden nach der Ablagerung neugebildet und wirken oft als Verkittungssubstanz und Zement, etwa Calcit, Eisenoxid (Goethit, Hämatit) und SiO_2. Unter den Begriff Diagenese fällt eine Reihe von Prozessen in Erdoberflächennähe, die bei niedrigen Drücken und Temperaturen stattfinden und für die Umwandlung eines Sediments in ein Sedimentgestein verantwortlich sind. Am bedeutendsten sind die Kompaktion (Verdichtung, Austreibung von Porenwasser) und die Zementation (Porenverkittung).

Geschiebelehm. Bei diesem von Gletschern zusammengeschobenen Material handelt es sich um eine Grundmasse aus sandig-tonigem Lehm mit meist ungerundeten, völlig uneingeregelten Steinen und Blöcken jeder Größenordnung und Gesteinsart. Das Einzugsgebiet erstreckt sich weit ins Hinterland. Anhand seltener Gesteine lassen sich oft die einzelnen Teilliefergebiete herausfinden und verraten damit die einstige Strömungsrichtung. Im norddeutschen Flachland sowie im Alpenvorland Süddeutschlands modellieren die Geschiebelehme ausgedehnte Moränenlandschaften. Ältere (man fand welche mit präkambrischem Alter), verfestigte Geschiebelehme nennt man *Tillite*. Wegen ihrer klimatischen Aussagefähigkeit tragen sie zur Erforschung der irdischen Klimageschichte bei, insbesondere in der Frage älterer Vergletscherungen. (CP)

Kalksteinbreccie. Ein grobkörniges Sedimentgestein aus überwiegend kantigen Komponenten. Seine Form verrät, daß es ohne abrundend wirkende Transportmedien wie Wasser oder Wind entstanden ist. Die Bruchstücke hier sind Kalke, die in einem braunen, kalkigen Zement eingebettet sind. (CP)

Konglomerat. Ähnlich der Breccie, außer daß die Grobkomponenten gerundet (Gerölle) sind, weil sie im Wasser transportiert wurden. In diesem Handstück sind es graue Quarzgerölle in einer sandig-kiesigen Matrix. Die größeren Gerölle können nur in einem starken Fließgewässer transportiert worden sein. Konglomerate kommen als Strandkonglomerat oder in den Flußterrassen der Alpenflüsse vor. (C)

Breccie. Dieses Handstück enthält große, kantige Kalksteinbruchstücke in einer tonigen, von Eisenoxiden rot gefärbten Matrix. (CP)

Eisenschüssiges Konglomerat. Runde Quarzgerölle und Gesteinspartikel sind von braunem Limonit (Goethit) umschlossen. Solche Konglomerate weisen auf arides, trockenes Klima hin. (C)

Polygenetisches Konglomerat. Dieses Fundstück enthält Fragmente verschiedener Gesteinsarten wie Dolerit, Sandstein und Kalkstein in einer hämatitreichen Grundmasse. (CP)

Konglomeratreste auf einem Gneiskliff. Strandkonglomerate sind oft die erste Schicht auf einer Erosionsfläche und bilden am Kontakt mit der gekappten Unterlage eine Diskordanz. Das alte Kliff dürfte sich seit der Platznahme des Konglomerats kaum verändert haben.

Strandsedimente. Breccien und Konglomerate sind Zeugen des einstigen Strandmilieus. Dieser alte Strandwall erhebt sich oberhalb der jetzigen Strandes und liegt diskordant auf einer Strandplatte aus karbonischen, steil einfallenden Kalksteinen. Der alte Strandwall besteht aus Kalkstein- und anderen Fragmenten, die mit Carbonatzement verkittet sind.

Schwarzschiefer *Orthoquarzit* *Grünsandstein* *Rotsandstein* *Arkose* *Sandstein* *Glimmersandstein* *Ton* *Grauwacke* *Schlammstein* *Sandstein mit Rippelmarken*

Schichtflächen klastischer Sedimentgesteine

Schwarzschiefer. Ein feinkörniges, dünn geschiefertes Gestein mit Quarz, Glimmer und Ton. Fein verteilte Kohlenwasserstoffe (Bitumen) und Pyrit geben ihm die schwarze Farbe. Diese Zusammensetzung weist auf ein anaerobes, stagnierendes Tiefenwasser als Bildungsmilieu hin. Der reduzierende Charakter läßt Pyrit kristallisieren, der oft Fossilienmaterial ersetzt. Hier sind es Ammoniten und Muscheln. (CP)

Orthoquarzit. Er besteht aus mehr als 95% Quarz, der durch authigenen Quarz zementiert wurde. Das Ergebnis ist ein sehr hartes Gestein ohne jegliche Strukturen – außer einigen Wurmröhren. (CP)

Grünsandstein. Quarzreicher Sandstein mit relativ hohem Anteil an Glaukonit, einem grünen Glimmer, der als dünnblättrige Flitter zwischen den Quarzen auftritt. Glaukonit ist typisch für marine Sande, man findet ihn auch rezent (in heutigen Sedimenten) in Schelfsedimenten. (K)

Rotsandstein. Sandstein aus mittelkörnigen, gut gerundeten, gut sortierten Quarzen. Die rote Farbe des Handstücks verursacht Hämatit, der die Körner als Zement überzieht, aber leicht abreibbar ist. Beide Merkmale, Hämatitzement und die Korncharakteristik, weisen das Sedimentationsmilieu als ein arides, äolisch geprägtes Environment aus. (K)

Arkose. Dieses Handstück von mittlerer bis grober Körnung besteht aus eckigen Quarzen, die mit einer Eisenoxidkruste überzogen sind, sowie rosa Feldspat (Anteil bis 35%). Da letzterer relativ leicht verwittert, besonders in gemäßigt feuchten Klimaten, zeigt ein so hoher Gehalt in Sedimenten, wie in dieser Arkose, einen intensiven Gesteinszersatz und/oder ein arides Environment an.

Sandstein. Mittel- bis grobkörnig, reich an eckigen Quarzen, zeigt sich dieser marine Sandstein. Feldspat, jedoch keinesfalls in dem Ausmaß wie in der Arkose, sowie etwas Glimmer sind zugegen. Die Sortierung ist gut, die Körnung ist nahezu equigranular, und die Kornoberflächen sind mit gelblichem Eisenoxidzement überzogen. (CP)

Glimmersandstein. Handstück eines feinkörnigen Sandsteins mit reichlich Muskovit auf den Schichtflächen. Glimmerblättchen neigen dazu, vom Wind verfrachtet zu werden (besonders in ariden Gebieten), und ihre Anwesenheit in Sandsteinen weist daher auf Ablagerung in Wasser hin. (CP)

Ton. Sehr feinkörniges Sediment, das selbst unter dem Mikroskop nur wenig von seiner Struktur und Mineralogie preisgibt. Er besteht aus Tonmineralen und sehr feinen Quarzen, Glimmern und Feldspäten. Im feuchten Zustand fühlt sich der Ton schmierig an, weil sich die Tonminerale sofort mit einem hauchdünnen Wasserfilm umgeben. (CP)

Grauwacke. Typisch dunkel gefärbtes Fundstück eines schlecht sortierten Sandsteins mit Korngrößen von Sand bis Ton. Seine Mineralogie ist ziemlich komplex: die größeren Fragmente sind Quarze, Feldspäte und Gesteinsbruchstücke, die feinkörnige Matrix besteht hingegen aus Tonmineralen, Chlorit, Quarz und Pyrit. Grauwacken sind Bestandteil der Sedimentserien gewaltiger Trübeströme (s. S. 39), die den Kontinentalrand oder ozeanische Grabenränder hinabstürzen. (K)

Schlammstein. Ähnlich dem Tonstein, doch ohne dessen gute Spaltbarkeit, da die Schichtung fehlt. Dieses Stück entstammt einem Süßwasserschlammstein und enthält carbonatisierte Pflanzenreste. (CP)

Sandstein mit Rippelmarken. Feinkörniger Sandstein mit glänzenden Muskovitblättchen auf den Schichtflächen. Die deutlich sichtbaren Rippelmarken sind in Sandsteinen nicht selten und dienen zur Rekonstruktion der ehemaligen Strömungsrichtungen. (CP)

Schichtflächen klastischer Sedimente. Schichtflächen repräsentieren den ehemaligen Meeresboden oder einstige Landoberflächen. Oftmals konservieren sie Sedimentstrukturen, die auf die Umstände ihrer Ablagerungsbedingungen schließen lassen. Diese beiden Sandsteinschichtflächen zeigen solche Strukturen. Die hangende der beiden, links im Bild, zeigt fossile Schrumpfungsrisse; zur Zeit dieser Oberflächenform herrschte Trockenheit, während der die Trockenrisse mit tonigem Sand verfüllt wurden. Die darunterliegende Schichtfläche trägt Rippelmarken, d.h. daß sie in einem Flachwasser mit leichter Strömung lag.

Sandstein, Dünnschliff

Zick-Zack-Falten

Gipsgestein

Sandstein. Dieses Dünnschliffbild eines Sandsteins zeigt kantige Quarzkörner, die nicht immer aneinandergrenzen. Je nach kristallographischer Orientierung sind sie grau, weiß oder schwarz. Quarzsande dieser Ausprägung sind typisch für marines oder fluviatiles Environment. Kleine leuchtende Glimmer und ‚gestreifte' Feldspäte sind zugegen. Einige der schwarzen Körner sind Eisenoxid.

Zick-Zack-Falten. An der Nordküste von Cornwall bilden wechsellagernde Sandsteine und Schiefertone des oberen Karbons diese eckigen Zick-Zack- oder Knickfalten. Ihre Entstehung wird begünstigt durch die Wechsellagerung aus kompetenten (starren) Sandsteinlagen mit inkompetenten (plastischen) Schiefertonen.

Evaporite

Die Gesteine dieser Familie entstehen durch Ausfällung von Salzen aus übersättigtem Meerwasser. Das dazu nötige Environment findet sich in erster Linie in speziellen Küstenbereichen arider Gebiete. Wenn beispielsweise eine Lagune (oder ein Haff) vom offenen Meer abgetrennt wird, etwa durch Meeresspiegelabsenkung oder durch Sandablagerungen, steigt darin der Salzgehalt durch die zunehmende Verdunstung an, Salze fallen aus und Evaporite bilden sich. Ähnliches geschieht im Inland in den Salzseen; die Verdunstung übertrifft die Wasseranlieferung des Flusses, Salze fallen aus, und es entsteht eine Salzpfanne. Evaporite weisen eine große Mineralvielfalt auf. Die marinen Evaporite wechsellagern oft mit Tonen, Sanden, Mergeln und dolomitischen Kalken und setzen sich hauptsächlich aus Gips, Anhydrit, Steinsalz und Kaliumsalzen zusammen; die Mineralogie der Süßwasserevaporite richtet sich dagegen ganz nach dem Salzangebot des jeweiligen Flusses. Evaporite haben einen streng geordneten Aufbau, da sich die schwerlöslichen Salze zuerst, die leichtlöslichen zuletzt ausscheiden: als erstes also Gips, dann Steinsalz und zuletzt Kaliumsalze als typische Abfolge. Viele Salzlagerstätten werden wirtschaftlich genutzt, da viele Salze wertvolle Rohstoffe darstellen, etwa in der Bauindustrie (Gips), chemischen Industrie (Anhydrit, Steinsalz, Kaliumsalze) oder Nahrungsmittelbranche (Steinsalz). Zu den nichtmarinen Evaporiten zählen Borate (Emaillierung), Nitrate (Düngemittel, Pyrotechnik) und Sulfate.

Steinsalz. Ziemlich reinkristallines, helles Exemplar. Bei Eisen- und Tonbeimengungen erscheint Steinsalz rotbraun bzw. blaugrau. Größere Salzstöcke geraten unter der Auflast überlagernder Gesteinsschichten unter Druck und reagieren plastisch. Wegen seiner geringen Dichte wandert das Salz aufwärts und vermag das Nebengestein in Form großer Aufwölbungen (Salzdom) zu deformieren. Da die Salzdome an ihren Flanken das Nebengestein mit hochschleppen, bilden sich dort Ölfallen, in denen sich bevorzugt Erdöl ansammelt. (CP)

Gipsgestein. Rosafarbenes, weiches Handstück aus einer Sandstein/Mergel-Wechsellagerung. Während der Diagenese werden die Gipslagen leicht verfaltet. (CP)

Mergel mit Gips. Typische Assoziation in Evaporiten, bei der dünne Gipslagen auf den Mergelschichtflächen angeordnet sind. (K)

Mergel. Feinkörniges, dem Ton ähnliches klastisches Sediment, jedoch mit höherem Calcitanteil. Seine Farbe wechselt von grau nach grün oder auch rot, je nach dem Anteil und der Oxidationsstufe der Verunreinigungen (meist Eisenoxide). (CP)

Sylvin. Dieses Evaporitgemenge enthält neben dem rötlichen Sylvin (Kaliumchlorid) auch Steinsalz und Tone. Eisenoxide färben den Sylvin rot, der aber in reinem Zustand auch weiß sein kann. (C)

Gipsgestein. Gips tritt oft in dünnen Schichten auf und wechsellagert, wie in diesem Beispiel, mit Mergel-, Ton- und anderen Evaporitlagen.

Steinsalz

Gipsgestein

grüner Mergel

Mergel mit Gips (Gipsmergel)

Sylvin

roter Mergel

Sylvin

Kalkschlammstein
Crinoidenkalk
dolomitisierter Kalkstein
Pisolith
biogener Kalkstein
oolithischer Kalkstein
Dolomit

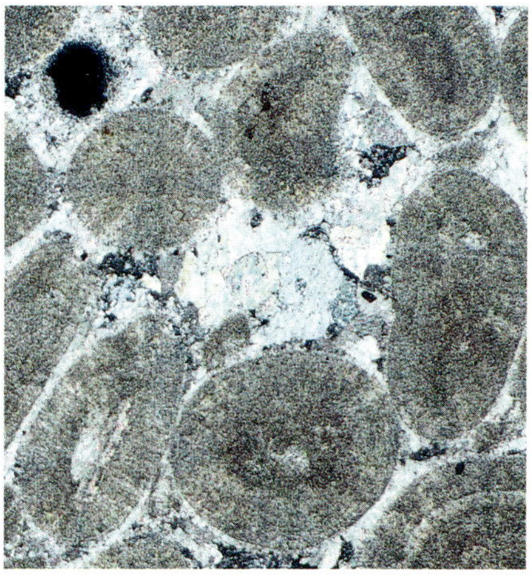

oolithischer Kalkstein, Dünnschliff

Karstlandschaft

Carbonatgesteine

Carbonatgesteine bestehen im wesentlichen aus den beiden Mineralarten Calcit und Dolomit, während eine Reihe anderer Minerale wie Quarz und Tonminerale nur Nebenbestandteile sind. Carbonatgesteine sind sowohl mariner wie terrestrischer Herkunft. Die marine Entstehung ist weit häufiger und beschränkt sich auf die lichtdurchfluteten Flachwasserzonen des Schelfs. Süßwassercarbonate erkennt man häufig an ihrem Fossilgehalt. Die Carbonatgesteine unterteilt man im allgemeinen in drei Unterklassen: in die biogenen, die aus zahlreichen Fossilresten wie Algen, Korallen oder Schalenresten bestehen; in die chemischen, einschließlich Oolithen; und in die klastischen Carbonatgesteine, einschließlich mechanisch zerkleinerter Carbonatgesteine. Alle Carbonatgesteine sind sehr verwitterungsanfällig, insbesondere gegenüber Säuren (Kohlensäure, Schwefelsäure im sauren Regen), mit denen sie zu löslichem Bicarbonat reagieren. Kalkig-dolomitische Gesteine verwittern daher zu stark zerfressenen Karstlandschaften. Aufgrund des besonderen Drainagesystems entwickeln sich sehr trockene Standorte mit einer sehr speziellen Flora. Wirtschaftlich gesehen geben Carbonatgesteine gute bis außerordentliche Werksteine (Marmor) ab, mergelige Varietäten dienen der Zementherstellung.

Oolithischer Kalkstein. Dieser Dünnschliff bei hoher Vergrößerung zeigt einen jurassischen Oolith mit runden Ooiden, die um einen Keim kristallisiert sind und von hellem, massigem Calcit umgeben werden. Die konzentrische Struktur des Ooidcalcits ist sehr schön in der rechten unteren Bildecke zu sehen.

Kalkschlammstein. Sehr feinkörniges Sedimentgestein aus mikrokristallinem Calcit. Etwas Quarz und Tonminerale und in seltenen Fällen Fossilreste können vorhanden sein. Typisch ist der muschelige Bruch, wie in diesem Handstück zu sehen ist. (K)

Crinoidenkalk. Biogener Kalkstein, der vorwiegend aus Crinoidenstielen und zerbrochenen Knöchelchen aufgebaut ist. Die Matrix ist spätiger Calcit. Bei höheren Anteilen klastischen Materials fällt die Farbe gewöhnlich dunkler aus. (CP)

Dolomitisierter Kalkstein. Dieses Handstück stammt ursprünglich von einem calcitreichen Kalkstein, der nachträglich durch magnesiumreiche Lösungen dolomitisiert wurde. Die graue Farbe geht auf einen geringen Quarz- und Tonanteil zurück. Die Dolomitisierung erfolgt durch zirkulierende Lösung und sie zerstört in aller Regel jeglichen Fossilbestand. (CP)

Pisolith. Große runde Gebilde, die Pisolithe, liegen in einer calcitischen Matrix. Wie die Ooide bilden sie sich durch Calcitausfällung um einen Kristallisationskeim, z.B. einen Schalensplitter. Der Ausfällungsvorgang wird durch warmes Flachwasser und durch den Einfluß von Algen begünstigt. (K)

Biogener Kalkstein. Grauer Kalkschlamm bildet in diesem Handstück die Matrix einer Masse von Fossilresten aus Crinoidengliedern, Brachiopoden, Bryozoen und Korallen. (JHF)

Oolithischer Kalkstein. Gewöhnlich ein helles Gestein von beige über gelb nach rot. Die Ooide sind klein (ca. 1 mm ø), rund bis gerundet und bestehen aus konzentrischen Calcitschalen, die um einen Kristallisationskeim ausgefällt wurden, ähnlich den größeren Pisolithen. Zahlreiche Fossilreste, meist Molluskenschalen, sind enthalten. Oolithe sind in der Regel gut geschichtet, Sedimentstrukturen wie Schrägschichtung sind häufig. Gegenwärtig bildet sich dieser Kalksteintyp in warmen, flachen, bewegten Lagunengewässern, etwa auf den Bahamas. (CP)

Dolomit. Dieses Carbonatgestein enthält über 15% Magnesiumcarbonat und erscheint etwas gelblicher als Kalksteine, insbesondere im angewitterten Zustand. Dolomit kommt zusammen mit Evaporiten vor. In diesem Fundstück befinden sich einige kleine Molluskenfossilien. (CP)

Karst. Infolge ihres hohen Calcitgehalts ist Kalkstein sehr verwitterungsanfällig gegenüber dem schwach sauren Regenwasser. Neben Kohlensäure können in Industriegebieten auch Schwefel- und Salpetersäure enthalten sein. Die Verwitterung erweitert ständig das Kluftsystem des Gesteins, was schließlich zu ausgedehnten Karstformen wie auf diesem Kalksteinplateau führt.

Süßwasserkalk
Stalaktit
Kreide
Kalktuff
Rotkreide
konkretionärer Dolomit
Nummulitenkalk
Lumachelle
Korallenkalk

Steilküste aus Kreidekalken, England

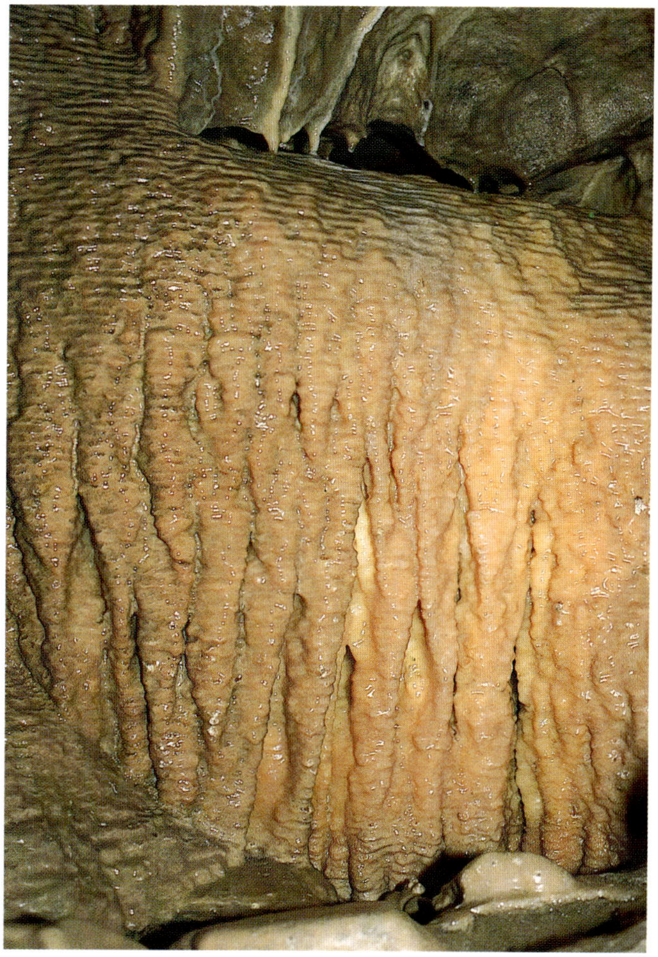

Kalksteinhöhlen

Steilküste. Reiner Kalkstein oder Kreide wie hier in Yorkshire, England, formt hohe, senkrechte Steilwände an den Küsten Englands und der Bretagne. Durch das klare Wasser sieht man die Brandungsplatte; sie trägt kaum Sturzmaterial des Kliffs, das wegen seiner Weichheit rasch zerkleinert und weggespült wird.

Kalksteinhöhlen. Höhlensysteme entwickeln sich durch Lösungsverwitterung entlang von Klüften und Schichtflächen vieler Kalksteine. Das Niederschlagswasser reichert sich bei der Untergrundpassage mit Bicarbonat an, das als Kalktuff in zahlreichen Variationen wiederausgefällt wird. Dieser ‚Vorhang' aus Stalaktiten wird von einem kalkhaltigen Wasserschleier überflossen.

Süßwasserkalk. Seltener als mariner Kalkstein, der terrestrische Fossilien enthalten kann, in diesem Beispiel die Schnecke *Viviparus*. Chemisch ist Süßwasserkalk dem marinen Gegenstück sehr ähnlich. (K)

Kreide. Ein sehr weiches, oft pulvrig abreibbares, biogenes Carbonatgestein von extremer Calcitreinheit (ca. 90%), das aus unzähligen Mikrofossilien besteht. Es sind *Coccolithen* und *Foraminiferen* in einer sehr feinkörnigen Matrix aus Kalkschlamm, jedoch kommen auch Makrofossilien vor. Die in Europa vorherrschende Kreide ist den Tiefseeschlämmen der heutigen Ozeane nicht unähnlich. Man glaubt allerdings, daß die Kreide nicht in großer Tiefe, sondern in einem Flachmeer von 200 m Tiefe oder etwas mehr sedimentierte, als der Meeresspiegel über den europäischen Schelfmeeren weit höher als heute lag. Der Mangel an Detritus in den Kreidekalken läßt darauf schließen, daß das benachbarte Festland kaum einer nennenswerten Erosion unterlag. (CP)

Stalaktit. In Karsthöhlen bildet sich durch das Ausfällen von Calcit eine Vielfalt an Kalktufformen, unter anderem Stalaktiten und Stalagmiten. Wenn das mit Bicarbonat gesättigte Sickerwasser von den Höhlenwänden tropft, entweicht Kohlendioxid und Calcit wird ausgefällt. Verdunstung und Temperaturerhöhung beschleunigen den Prozeß. Während Stalaktiten herabhängende Calcitzapfen sind, bestehen die Stalagmiten aus vom Boden emporwachsenden Säulen oder Kegeln. (CP)

Kalktuff. Kalksteinmaterial, das durch Ausfällen von Kalk aus kalkgesättigten Wässern, meist am Kontakt mit der Atmosphäre entsteht. Kalktuff ist oft als Krustenüberzug an Kliffs, Flußsteilufern und Wasserfällen zu finden und inkorporiert Algen, Moose, Blätter und andere Pflanzenteile, um sie zu konservieren. Eisenoxide färben ihn oft gelb bis orangerot. Ist der Kalktuff die Matrix von Geröllen, spricht man von *Calcrete*. Er ist meist schichtungslos und schwammartig porös. Geschichteten Kalktuff in der Umgebung heißer Quellen nennt man Travertin, ein geschätzter Schmuckstein. (K)

Rotkreide. Geringe Mengen Eisenoxid färben Kreide ziegelrot; dieses Stück enthält Fossilien, u.a. einen Belemniten. (CP)

Konkretionärer Dolomit. Konkretionen sind häufig in Carbonatgesteinen, hier in einem bräunlichen Dolomit zu sehen. Solche knolligen Massen sind das Ergebnis von chemischen Trennungsprozessen oder Algenwachstum. Das Substrat der Knollen ist das gleiche wie das des Gesteins. (CP)

Nummulitenkalk. Biogener Kalkstein aus kleinen, elliptischen Foraminiferenschalen der Art *Nummulites*. Sie konzentrieren sich auf der Schichtfläche und sind mit Calcit verkittet. (C)

Lumachelle. Ungeschichtete Masse von Schalenresten und Kalksteinklasten, die mit Calcit oder Dolomit zementiert ist. Lumachelle bildet sich oft an Riffhängen im Bereich von Rutschungen. Sie unterscheidet sich von anderen Riffkalken durch ihren wesentlichen Anteil an Muschelschalen. (C)

Korallenkalk. Viele Kalke enthalten reichlich Korallen, die mit Kalkschlammzement verbacken sind. Korallenreiche Kalke sind im allgemeinen sehr rein und haben wenig Sand- oder Schlammbeimengungen; Korallen dulden nur sauberstes Wasser. (CP)

gebänderter Eisenstein
Chert
Kohle
Chert in Kalkstein
Eisenoolith
Feuersteine
Toneisensteingeoden
Bernstein
Septarie

Eisensteine, Kohle, Konkretionen

Gebänderte Eisensteine. Das Handstück zeigt wechsellagernde Schichten zwischen dunklem Chert (Kieselschiefer) und Eisenoxiden, meist Hämatit, jedoch auch Magnetit, Siderit, Pyrit und Greenalith. Diese Gesteine sind ausschließlich präkambrischen Alters (2 bis 3 Mrd. Jahre alt) und werden als hochwertige Eisenerze, vorwiegend in den Südkontinenten, abgebaut. Von allen jüngeren Eisenerzen unterscheiden sie sich grundlegend. Ihre Entstehung fällt in eine Zeit, der es noch an atmosphärischem Sauerstoff mangelte – wie konnten sich dann Oxide bilden? Man nimmt an, daß das Eisen zusammen mit dem Silicium durch das kohlendioxidreiche Regenwasser massenhaft aus dem Gestein gelöst, mit Flüssen als zweiwertiges Eisen-Ion in Sümpfe oder Becken transportiert und dort möglicherweise von Bakterien als dreiwertiges Eisenoxid bzw. SiO_2 gefällt wurde. Fundort Ontario. (K)

Kohle. Handstück einer stark inkohlten, ziemlich harten, glasig-glänzenden Kohle. Sie weist einen hohen Kohlenstoffgehalt bei niedrigen Gaswerten auf. Weniger reine Kohlen färben bei Berührung ab und zeigen einen matteren Glanz. Pflanzliche Reste werden unter Luftmangel zunächst zu Torf umgewandelt, der anschließend unter erhöhten Druck- und Temperaturbedingungen durch Versenkung und Kompaktion zu Braun- und weiter zu Steinkohle konvertiert. Die Hitze treibt dabei die Gase aus, wobei Kohlen in der Nähe von Intrusionen exzellente Güte erreichen. Sie enthalten oft Fossilien und zeigen Sedimentstrukturen. Je jün ger sie sind, umso minderer ist ihre Qualität. Tertiäre Kohlen sind meist Braunkohlen, karbonische dagegen Steinkohlen oder Anthrazit. (CP)

Chert (Hornstein). Ein sehr hartes Gesteinsmaterial, das in knolligen Massen in Kalken auftritt. Häufig ist es dunkel gefärbt und von kryptokristalliner Struktur. Seine Entstehung ist nicht geklärt. In Betracht kommen kieselige Fossilreste (Schwammnadeln). Die Akkumulation des SiO_2 erfolgt kolloidal auf dem Meeresboden. Einige Chert-Gesteine wurden im Zusammenhang mit Pillow-Laven gefunden. (K)

Chert in Kalken. Ein dunkler kambrischer Kalkstein mit kleinen rundlichen Flecken aus Chert. Das Quarzmaterial ist viel härter als der Kalk und reagiert auch nicht bei der Lösungsprobe mit Salzsäure. (CP)

Feuerstein (Flint). Diese Chert-Form tritt als knollige Bänder in Kreidekalken auf. Die Farbe ist schwarz oder dunkelgrau; ausgewitterte Feuersteine tragen oft noch einen Kreideschleier. Flint splittert mit sehr scharfem muscheligem Bruch und enthält manchmal Schwamm- oder Seeigelreste. (CP)

Eisenoolith. In diesem Handstück liegen die an der Sedimentoberfläche ausgefällten Eisenoxide als Eisenooide vor. Der Gesteinscharakter ist rein carbonatisch, einschließlich Fossilienbestand und Sedimentstrukturen; in den Ooiden nimmt Eisen die Stelle des Calcits ein. (K)

Knollen und Konkretionen

Chert in untermeerischer Lava

gebänderter Eisenstein, Australien

Bernstein. Das weiche, harzige oder glasartige Material mit muscheligem Bruch ist nichts anderes als verhärtetes Baumharz. Mitunter enthält er Insekten, die beim Herabtropfen getroffen und eingeschlossen wurden. Früher häufig an der Ostseeküste, wo er durch die Gletscherablagerungen angereichert wurde. Wichtiger Schmuckstein. (CP)

Toneisensteingeoden. Runde bis elliptische Knollen in Tonen und Schiefertonen. Mineralogisch sind sie meist aus Pyrit oder Siderit und sind stets den Schichtflächen entlang angeordnet. Die konzentrische Struktur ist die Folge einer Ausfällung um einen Kristallisationskeim, meist einen Fossilrest. (CP)

Septarie. Ähnlich den eisenhaltigen Konkretionen können auch andere Elemente knollige Massen im Verlauf der Diagenese entwickeln. In diesem Beispiel (es ist aufgeschnitten, um die Septenstruktur zu zeigen) kristallisierte eine carbonatische Konkretion in einem tonigen Sediment, während Schrumpfungsrisse nachträglich mit weißem Calcit verfüllt worden sind. (C)

Knollen und Konkretionen sind häufige sedimentäre Formen auf den Schichtflächen von Tonen und Schiefertonen. Diese bis 30 cm großen Knollen sind durch marine Erosion freigelegt worden. Wegen ihrer größeren Härte widerstanden sie dem Wellenschlag besser als der Schieferton und ragen nun aus dem Wasser heraus.

Chert in untermeerischer Lava. Links und rechts am Bildrand sieht man blasige Basaltlava, die eine dichte Masse aus graugelblichem Chert (Mitte) eingrenzt. Fundort Pentire Head, Cornwall.

Gebänderter Eisenstein. Dieser ‚Banded Ironstone' zeigt dunkle Eisenoxidlagen, die mit rosafarbenen Quarzbändern alternieren. Fundort Yilgarn Block, Australien. Fundstück 10 m Durchmesser. (AF)

Minerale

Jedes Gestein der Erdkruste besteht aus verschiedenen Mineralarten, die ihrerseits von großer chemischer und physikalischer Vielfalt sind. Viele Minerale haben darüber hinaus beträchtliche wirtschaftliche Bedeutung, insbesondere die Erzminerale. Andere Minerale gelten wegen ihrer perfekt gewachsenen Kristallflächen als Edel- oder Schmucksteine. Aber trotz ihrer großen Variabilität besitzt jedes einzelne Mineral bestimmte, eng begrenzte chemisch-physikalische Eigenschaften. Um ein Mineral zu bestimmen, genügt es, eine Auswahl an diesen Eigenschaften und Merkmalen zu überprüfen.

KRISTALLE UND HABITUS

Eines der auffallendsten Merkmale eines Minerals ist seine Form. Je nach Anzahl und Anordnung seiner Atome ist sein Kristallgitter und damit seine Kristallform beschaffen. Kristalle derselben Mineralart haben ähnliche Gestalt; so kristallisiert z.B. Fluorit gewöhnlich in Würfelform, Quarz in hexagonalen Prismen. Idiomorphe Kristallformen können sich aber ohnehin nur bei idealen Wachstumsbedingungen entwickeln, und so gibt es in der Natur eine Unzahl an Kristallen mit schlecht oder nicht ausgebildeten Flächen. Zur systematischen Erfassung der Minerale dient ihre Kristallsymmetrie, sie ist Grundlage für die sieben Kristallsysteme. Viele Kristallformen, z.B. Würfel, können eine bestimmte Anzahl an Symmetrieachsen und Symmetrieebenen aufweisen. Eine Symmetrieachse ist eine gedachte Linie durch den Kristallmittelpunkt, eine Symmetrieebene wirkt gegenüber dem Kristallkörper wie ein Spiegel. Der Würfel besitzt viele solcher Symmetrieachsen und -ebenen, von denen aber eine kleine Anzahl ausreicht, das kubische Kristallsystem zu definieren. Diese ausgewählten Achsen nennt man die kristallographischen Achsen. Für das kubische System sind es jene, die die Zentren der sich gegenüberliegenden Flächen durchstoßen, weshalb das kubische System als Kristallsystem definiert ist, dessen drei gleichlange Achsen sich rechtwinklig schneiden. Auch andere Formen außer dem Würfel erfüllen diese Bedingung: Oktaeder, Rhombendodekaeder und Trapezoeder zählen daher gleichfalls zum kubischen System. Kubisches, tetragonales, orthorhombisches, monoklines, triklines, hexagonales und trigonales System bilden zusammen die sieben Kristallsysteme (hexagonales und trigonales System werden oft auch zusammengefaßt). Jedes System bringt eine Vielfalt an Kristallformen hervor. Kristallformen umschließen meist einen Raum, etwa einen Würfel, andere jedoch wie z.B. Pinakoide (zwei parallele Flächen) oder Prismen (mehrere Flächen, die sich an ihren parallelverlaufenden Kanten schneiden) stellen offene Formen dar und existieren nur im Verband mit anderen Kristallflächen.

Der Begriff *Habitus* beschreibt die tatsächlichen Kristallflächenrelationen zueinander; er ist das wichtigste Merkmal der Kristallform. Der Habitus reicht vom filigranen Kristall bis zur amorphen Masse ohne Symmetriegitter. Folgende Eigenschaftsbegriffe sind ihm zugeordnet:

tafelig: flächige Form mit breiten Kristallflächen
nierig: rundlich, wie eine Niere
faserig: sehr dünne prismatische Kristalle
traubig: Aggregate wie Reben
kugelig: große, sanft gewölbte Aggregate
granular: körnig
nadelig: zahlreiche nadelförmige Kristalle, oft radiär stehend
massig: dicht, ohne besondere Struktur
dendritisch: baumartig verzweigte Formen

FARBE UND STRICH

Bei den Mineralen stellen wir eine enorme Farbenvielfalt fest, die nur in relativ wenigen Fällen zur Diagnose taugt. So zeigt Malachit ein grelles Grün, Blei ein kräftiges Grau, Amethyst ein helles Violett und Pyrit ein silbriges Gold. Das Problem der Farbe als Bestimmungsmerkmal liegt darin, daß viele Minerale dieselbe Farbe haben, während andere viele verschiedene Farben zeigen. Ein Beispiel für die letzteren ist der Quarz, ein sehr häufiges Mineral, der oft klar und farblos, aber auch weiß, grün, violett, rosa, braun und sogar schwarz sein kann, wobei jede Farbvarietät einen eigenen Namen trägt. Die Farbe geht sehr häufig auf Spurenelementbeimengungen im Kristallgitter zurück. Eine Rolle spielt auch, unter welchem Winkel das Licht auf die Flächen trifft, denn je nachdem wird es unterschiedlich absorbiert oder gebrochen.

Der Strich ist die spezifische Farbe des Pulvers, das beim Reiben des Minerals auf einer unglasierten Porzellantafel haftet. Harte Minerale sollten mit einem noch härteren Gegenstand gekratzt werden. Selbst so farbvariierende Minerale wie Quarz zeigen im Strich stets nur eine Farbe (weiß).

GLANZ

Licht, das von den Kristallflächen reflektiert wird, erzeugt je nach Mineralart einen besonderen Glanz. Manche Minerale wie Pyrit oder Bleiglanz zeigen einen metallischen Glanz, während Quarz oder Fluorit einen glasigen Glanz haben. Andere Glanzbegriffe sind: fettig, harzig, perlmuttartig, seidig und erdig (= kein Glanz). Diamant hat einen diamantenen Glanz.

SPALTBARKEIT UND BRUCH

Viele Minerale haben aufgrund ihres Atomgitterbaus natürliche strukturelle Schwachstellen, die am Kristall als Spaltbarkeit oder Bruchbildung in Erscheinung treten. Der Bruch erzeugt unregelmäßige Bruchflächen, die scheinbar in keinem Zusammenhang mit dem Kristallgitter stehen. Alle Minerale brechen, einige auf geschwungenen Bruchflächen, dem muscheligen Bruch, der eher an Glasbruch erinnert. Die Spaltbarkeit hingegen richtet sich exakt nach bestimmten Atombindungen im Gitter aus. Sie kommt dort vor, wo die Bindungen am schwächsten sind, und die resultierenden Spaltflächen sind relativ glatt. Die Spaltflächen zeigen mineraltypische Formen, wie die Rhombenform bei Calcit oder die Blättchen der Glimmer.

HÄRTE

Die Härte kennzeichnet den Eindringwiderstand einer Kristallfläche gegenüber Fremdobjekten. Eine zehnteilige Skala, deren Intervallgrenzen durch definierte Härten bekannter Minerale dargestellt werden, dient als Vergleich. Sie geht auf F. MOHS, der sie 1812 aufstellte, zurück und lautet wie folgt:

1	Talk	6	Orthoklas
2	Gips	7	Quarz
3	Calcit	8	Topas
4	Fluorit	9	Korund
5	Apatit	10	Diamant

Die Intervalle sind physikalisch gesehen nicht exakt gleich; so ist der Diamant viele Male härter als der Korund, während Talk und Gips nur wenig differieren. Zur Härteprüfung beliebiger Minerale verwendet man Exemplare aus der Mohs-Skala, jedoch gibt es auch einfachere Testverfahren: Die Fingernagelhärte entspricht 2,5 Mohs-Härte, eine Münze etwa 3,5 und eine Stahlklinge 5,5.

Vulkankrater mit Schwefelniederschlag, Japan

Vulkankrater. Dieser Krater auf Hokkaido, Japan, wird von vulkanischen Gasaushauchungen mit Schwefel gelb eingefärbt. Auf ähnliche Weise können sich wirtschaftlich nutzbare Schwefellagerstätten bilden.

ZWILLINGSKRISTALLE
Zwillingsbildung bedeutet, daß zwei gleiche Kristalle nach bestimmten Gesetzen miteinander verwachsen sind, eine kristallographische Fläche teilen und unterschiedlich orientiert sind. Zwillingsflächen können Symmetrieflächen sein, an der beide Zwillingshälften gespiegelt werden. Es gibt einfache, polysynthetische, sich wiederholende, komplexe und sich durchdringende Zwillinge.

SPEZIFISCHES GEWICHT (DICHTE)
Ein auffälliges Merkmal vieler Mineralarten ist die Dichte. So weisen gleichgroße Würfel von Bleiglanz (7,5 g/cm^3) und Steinsalz (2,2 g/cm^3) doch enorme Gewichtsunterschiede auf. Der Grund ist, daß die Atome des Bleis viel schwerer sind als die des Natriums. Die Dichte eines Minerals in g/cm^3 bestimmt man als Differenz gegenüber einem Standard, üblicherweise Wasser mit 1,0 g/cm^3. Quarz hat eine Dichte von 2,65 und Gold eine Dichte von ca. 19. Mit Hilfe von Schwereflüssigkeiten definierter Dichte lassen sich Mineralgemische voneinander trennen, etwa die Schwerminerale von den Leichtmineralen Quarz, Calcit und Feldspat.

WEITERE EIGENSCHAFTEN
Die erläuterten Mineraleigenschaften dienen im engeren Sinn ihrer Identifikation mit einfachen Mitteln. Bei den folgenden Einzeldarstellungen der Minerale sind sie in einer Art Checkliste auf jeder Legende aufgeführt. Daneben gibt es nicht wenige Minerale mit zusätzlichen, spezifischen Eigenschaften wie Radioaktivität, Fluoreszenz, Wasserlöslichkeit, Säurelöslichkeit oder Magnetismus; auf sie wird gegebenenfalls hingewiesen.

Mineralbildung und Vorkommen

Minerale sind die Bausteine der Gesteine. Die gesteinsbildenden von ihnen, d.h. die

Die Carrock Mine, England

Mineralfarbe und Habitus

Mineralfarbe und Habitus

Hauptminerale, sind die Silicate, die dem Magma der Erdkruste entstammen. Schöne idiomorphe Kristalle entwickeln sich nur in Ausnahmefällen und unter besonderen Bedingungen, wie sie etwa in Gesteinshohlräumen existieren. Zu den wichtigsten gesteinsbildenden Silicaten der Magmatite zählen Feldspäte, Quarz, Glimmer, Pyroxene, Amphibole und Olivin. Die Minerale der Metamorphite sind in vielen Fällen ähnlich denen der Magmatite, doch spielen auch Arten wie Disthen, Sillimanit, Andalusit, Cordierit, Granat, Serpentin oder Talk eine wichtige Rolle. Sedimentäre Gesteine sind eigentlich Abbauprodukte anderer, älterer Gesteine und enthalten demnach deren Minerale, wobei Neubildungen im Zuge der Sedimentation und Diagenese hinzukommen. So zählen verwitterungsbeständige Minerale meist zum ‚Altbestand', während authigener Feldspat, Calcit, Dolomit und die Evaporitminerale (Gips, Steinsalz, Sylvin) zu den Neubildungen gehören.

Die schönsten Minerale findet man in Situationen abseits der normalen Gesteinsbildungen, außer vielleicht die gigantischen Kristallphänomene der Pegmatite. Viele der Mineralkonzentrationen, vor allem der Metallvorkommen, gehen auf *hydrothermale* Prozesse zurück; sie finden sich in Adern und Gängen im durchdrungenen Nebengestein. Sie haben sich aus migrierenden heißen Lösungen und Gasen abgesetzt, die verschiedenen Ursprungs sein können. Es können Restlösungen eines sich abkühlenden Plutons oder Abkömmlinge heißer Salzlaugen im Umfeld aufsteigenden Magmas unter Rift- und Grabenzonen sein. Metallagerstätten von Blei, Kupfer, Zink, Eisen oder Zinn finden sich gern in Gängen hydrothermaler Abscheidungen. Außer Metallen werden auch viele Nichtmetalle als Gangminerale abgesetzt, darunter Quarz, Feldspat, Glimmer, Calcit, Fluorit, Baryt und Siderit. Als Gangart werden die bei der Ausbeutung unrentablen Gangminerale bezeichnet. Steigt z.B. der Weltmarktpreis eines Rohstoffs, so kann die zuvor unprofitable Gangart einer Lagerstätte plötzlich interessant werden. Die Minerale hydrothermaler Lagerstätten können zonal, sogar konzentrisch um einen Intrusionskörper herum strukturiert sein. Manche Erzlagerstätten weisen innen eine Zinnzone, als nächstes eine mit Kupfer, dann Zink und Blei usw. auf. Die *Pneumatolyse* gehört zu den hydrothermalen Aktivitäten und steht mit der spätmagmatischen Abkühlung eines Plutons in Verbindung. Kennzeichen sind überkritische Gasphasen mit sehr aktiven Gasgemischen (Bor, Fluor). Typisch für Pneumatolyse ist die Bildung von Turmalin, ebenso die von Wolfram- und Zinnmineralen. Pegmatite mit ihren mitunter gewaltigen Kristallen bilden sich in den Spätphasen der Magmenkristallisation durch entweichende, gasreiche Lösungen. Außerordentliche Kristallindividuen von Quarz, Feldspat, Glimmern, Beryll, Topas, Apatit, Fluorit usw. sind hier zu finden. Das Nebengestein erleidet durch die aggressiven Gase und Lösungen eine Metasomatose; so wird z.B. Kalkstein großräumig durch Hämatit ersetzt.

Auch der Vulkanismus bringt eine Vielfalt an Mineralen hervor, manche von großer wirtschaftlicher Bedeutung. Am Kraterrand setzen sich häufig Schwefel und verwandte Substrate (Quecksilber-, Antimonminerale)

'Artist's Palette', Kalifornien

ab, ergiebigere Lagerstätten befinden sich jedoch im Umfeld untermeerischer Eruptionszentren. Am Grunde des Roten Meeres, eines Riftsystems, entstehen aus mangan-, zink-, kupfer- und eisenreichen Lösungen Schlämme, die sich am Meeresboden absetzen. Lagerstätten in der Umgebung alter Plattengrenzen bestätigten die Verbindung vulkanischer Erzbildung mit plattentektonischen Phänomenen. Die Kupfererze Zyperns, die mit ozeanischer Kruste assoziiert sind, oder die Lagerstätten der amerikanischen Kordilleren, die mit Subduktionszonen (Zonen, an denen eine Erdkrustenplatte eine andere unterschiebt) zusammenhängen, sind Beispiele dafür. Die riesigen Porphyry Copper Ores (porphyrische Kupfer-Lagerstätten) der Rocky Mountains und der Anden entstehen im subvulkanischen Bereich, wenn aufsteigendes Magma einen solchen Gasdruck erzeugt, daß das Nebengestein zerrüttet und mit kupferhaltigen Lösungen imprägniert wird. Dieser Lagerstättentyp ist meist an porphyrische Granodiorite gebunden.

Manche der großen basischen bis ultrabasischen Batholithe sind Träger von gewaltigen Nickel-, Chrom- oder Platinerzvorräten, die sich im Zuge der magmatischen Differentiation abscheiden. Die schweren Minerale dieser Elemente sind Frühkristallisate, sinken durch den flüssigen Magmenkörper langsam nach unten und reichern sich an der Sohle des Plutons, zusammen mit frühausscheidenden Silicaten (Pyroxen, Olivin), an. Der riesige Bushveld-Pluton in Südafrika beispielsweise besteht aus einer Serie von präkambrischen Lopolithen aus Gabbro- und Anorthositgesteinen mit etwa 7000 m Mächtigkeit, in die akkumulierte Schichten aus Chrom-, Platin- und Eisenmineralen eingelagert sind.

Sedimentgesteine sind generell ärmer an verwertbaren Mineralen als magmatische und metamorphe Gesteine. Wichtige Ausnahmen stellen die verschiedenen Seifen dar, das sind Ansammlungen sehr 'schwerer' (dichter) oder widerstandsfähiger Minerale, die durch den Transport in Bächen, Flüssen und Küstenströmungen aufgrund dieser beiden Eigenschaften aussortiert und angereichert werden. Ganze Strände sind oft schwarz vor Magnetit, Ilmenit oder Chromit. Andere Seifenminerale sind Zinnstein, Gold, Platin und Pechblende sowie die Edelsteine Diamant, Rubin und Saphir. Die wichtigste bekannte Seifenlagerstätte der Erde ist das Witwaters-Konglomerat Südafrikas mit Gold und Pechblende. In Malaysia und Thailand baut man reichhaltige Zinnseifen ab, in Jacobina (Brasilien) Gold. Bekannt sind auch die Platinseifen des Ural.

Durch die Verwitterung entstehen viele Mineralneubildungen. Metallsulfide des Gesteins und aus Gängen werden leicht herausgelöst, die Ionen wegtransportiert und an chemisch geeigneten Orten ausgefällt, um neue Mineralgesellschaften zu bilden. Kupfer, Blei, Zink und Eisen sind oft an solchen Umlagerungen mit sekundären Anreicherungen beteiligt. Die oberflächennahe Verwitterungszone bzw. Oxidationszone, oft mit braunen Eisenoxiden (Goethit) versetzt, heißt bei den Bergleuten daher 'Eiserner Hut'. Seine Gegenwart weist die Geologen oft auf verborgene Erzgänge hin, die von ihm aus in die Tiefe ziehen. Manche Erzminerale reichern sich dadurch an, daß alle anderen Minerale von der Verwitterung zerstört und/oder ausgewaschen werden. Das geschieht besonders in den wechselfeuchten Tropen mit ihrem warmen, regenreichen Klima, wo sich das Aluminiumerz Bauxit und die hämatitreichen Verwitterungsböden der Ferralsols bilden. Bauxit besteht hauptsächlich aus unlöslichen Al_2O_3-Mineralen und Hämatit (Fe_2O_3), der ist ebenfalls schwer löslich ist.

Die Carrock Mine in Cumbria, England, am Ende einer schmalen Stichstraße. Zu Anfang dieses Jahrhunderts setzte hier die Prospektion auf Wolframminerale ein. Die darauffolgende Ausbeutung der Lagerstätten dieser abgelegenen Region war abhängig von der Kriegsentwicklung und den Weltmarktpreisen, doch kommen die Bergwerksfirmen heute wieder darauf zurück.

Mineralfarbe und Habitus. Diese beiden Eigenschaften sind sehr gut an dem grünen hexagonalen Prisma des Berylls sowie an dem völlig andersartigen Erscheinungsbild des silbrigen, radiärstrahligen Markasits zu erkennen.

'Artist's Palette' im Tal des Todes, Kalifornien, mit seinen buntgefärbten Sedimenten, die auf kupferhaltige Verwitterungsneubildungen zurückzuführen sind.

Schwefel
Schwefel
Schwefel
Silber
Arsen
Kupfer
Silbererz
Kupfer
Graphit
Antimon
Graphit
Silber

Diamant

Wismut

Gold

Diamant. Formel: C.– Kristallsystem: kubisch.– Habitus: gerundete oktaedrische Kristalle.– Farbe: farblos, alle Farben.– Strich: weiß.– Spaltbarkeit: oktaedrisch.– Bruch: muschelig.– Härte: 10.– Dichte: 3,5.– Glanz: diamanten.– Diagnostisch: härtestes Material.– Vorkommen: Bildung in großen Tiefen, hochbefördert in sog. Kimberlit-Pipes (Durchschlagsröhren, gefüllt mit ultrabasischen Gesteinen), aber auch in Seifen.– Fundorte: Südafrika, Namibia, Zaire, Ghana, Indien, Sibirien, Brasilien, Venezuela. (L)

Schwefel. Formel: S.– Kristallsystem: orthorhombisch.– Habitus: tafelig, massig.– Farbe: gelb.– Strich: weiß.– Spaltbarkeit: keine.– Bruch: uneben.– Härte: 1,5–2,5.– Dichte: 2,1.– Glanz: harzartig.– Diagnostisch: Farbe, geringe Dichte, unlöslich in Wasser und schwachen Sauren, löslich in CS_2.– Vorkommen: als Krusten um vulkanische Gasaushauchungen und heiße Quellen, durch Reduktion von Sulfaten im Salzspiegel von Salzstöcken.– Fundorte: Sizilien, Utah, Kalifornien, Texas, Japan. (K, LW)

Silber. Formel: Ag.– Kristallsystem: kubisch.– Habitus: drahtig, massig, dendritisch.– Farbe: silbrig-weiß, gelb-, braun- oder graumattiert.– Strich: leuchtend silbrigweiß.– Spaltbarkeit: keine.– Bruch: hakig, rauh; duktil.– Härte: 2,5–3.– Dichte: 9,6–11.– Glanz: metallisch.– Diagnostisch: hohe Dichte, Farbe, löslich in Salpetersäure, Duktilität.– Vorkommen: in hydrothermalen Gängen mit Sulfiden, in der Oxidationszone von Erzgängen, in Seifen (Gold).– Fundorte: weltweit; besonders Kongsberg (N), Michigan, Nevada, Broken Hill (Austr.), Mexiko, Harz und Freiberg (Sachsen), Ontario, England. (K, S)

Kupfer. Formel: Cu.– Kristallsystem: kubisch.– Habitus: verästelt, dendritisch; Kristalle: Rhombendodekaeder, Würfel.– Farbe: braun bis kupferrot.– Strich: rotbraun.– Spaltbarkeit: keine.– Bruch: rauh.– Härte: 2,5–3.– Dichte: 8,9.– Glanz: metallisch.– Diagnostisch: löslich in Salpetersäure, duktil, Farbe.– Vorkommen: als Verdrängungen in Sandsteinen und anderen klastischen Sedimenten. In Basalthohlräumen, in der Umwandlungszone von Sulfiderzkörpern, in Verwitterungszonen von Kupfererzgängen.– Fundorte: Oberer See (Kanada), Keeweenaw und Bingham (USA), Kurkoro (Japan), Kambalda (Australien), Bogoslowsk und Turinsk (UdSSR), Chile, Peru, Zimbabwe, Siegerland. (K, L)

Arsen. Formel: As.– Kristallsystem: trigonal.– Habitus: massig, nierig, körnig, selten Kristalle.– Farbe: graubraun.– Strich: fahlgrau.– Spaltbarkeit: vollkommen (zur Basis).– Bruch: uneben.– Härte: 3,5.– Dichte: 5,7.– Glanz: halbmetallisch.– Diagnostisch: bei Erhitzen Knoblauchgeruch.– Vorkommen: Nebengemengteil hydrothermaler Gänge mit Pb, Ni und Ag. Auf magmatische und metamorphe Gesteine begrenzt.– Fundorte: USA, Mexiko, Schweden, Frankreich, Belgien. (K)

Antimon. Formel: Sb.– Kristallsystem: hexagonal.– Habitus: Kristalle selten, blättrig, körnig, massig.– Farbe: hellgrau.– Strich: grau.– Spaltbarkeit: vollkommen zur Basis.– Bruch: spröde, uneben.– Härte: 3–3,5.– Dichte: 6,6–6,7.– Glanz: metallisch.– Vorkommen: in hydrothermalen Gängen mit Silber und Arsen.– Fundorte: Südafrika, China, Australien, Mexiko, Türkei, Jugoslawien. (K)

Graphit. Formel: C.– Kristallsystem: hexagonal.– Habitus: massig, körnig, tafelig (selten).– Farbe: schwarz.– Strich: schwarz.– Spaltbarkeit: vollkommen zur Basis.– Härte: 1–2.– Dichte: 2,3.– Glanz: metallisch, matt.– Diagnostisch: geringe Härte, Farbe, fühlt sich fettig an.– Vorkommen: in kristallinen Schiefern, Gneisen und Marmor als Schuppen; in Pegmatiten mit Feldspat und Quarz, auch in Gängen.– Fundorte: Sri Lanka, Ontario, Korea, Bayerischer Wald, Essex County (N.Y.), Cumbria. (CP)

Gold. Formel: Au.– Kristallsystem: kubisch.– Habitus: Kristalle selten (körnig, dendritisch, ‚Nuggets').– Farbe: goldgelb; Silberanteil wirkt aufhellend.– Strich: goldgelb.– Spaltbarkeit: keine.– Bruch: rauh, duktil.– Härte: 2,5–3.– Dichte: 15,5–19,3, je nach Reinheit.– Glanz: metallisch.– Diagnostisch: Farbe, sehr hohe Dichte, nichtanlaufend, Duktilität, unlöslich in Einzelsäuren.– Vorkommen: primär in Quarzgängen; sekundär in Seifen (Alluvionen, fossile Konglomerate).– Fundorte: Witwatersrand (größte Goldlagerstätte der Erde), Indien, Sibirien, Neuguinea, Australien, Brasilien, Bolivien; früher als Waschgold im Rhein, in den Alpenflüssen, als Berggold in Österreich. (L)

Wismut (Bismut). Formel: Bi.– Kristallsystem: trigonal.– Habitus: dendritisch, massig.– Farbe: silbrig, läuft farbig an.– Strich: silbrig-weiß.– Spaltbarkeit: vollkommen.– Bruch: spröde, uneben.– Härte: 2–2,5.– Dichte: 9,7–9,8.– Glanz: metallisch.– Diagnostisch: Farbe und Dichte; schmilzt bei 270 °C.– Vorkommen: mit Ni, Co, Ag und Sn in hydrothermalen Gängen.– Fundorte: Kongsberg (Norwegen), Erzgebirge, Sardinien, Italien, Malaysia, Bolivien, Australien, Colorado, Canada, Cornwall. (C)

Auripigment
Sphalerit
Molybdänit
Sphalerit
Covellin
Antimonit
Sphalerit
Sphalerit
Antimonit
Bornit
Chalkopyrit
Chalkopyrit
Molybdänit

Chalkosin

Enargit

Chalkosin (Kupferglanz). Formel: Cu_2S.– Kristallsystem: orthorhombisch.– Habitus: massig, körnig; Kristalle selten (pseudohex., tafelig).– Farbe: mattes Dunkelgrau.– Strich: schwarz.– Spaltbarkeit: schlecht (prismatisch).– Bruch: muschelig.– Härte: 2,5–3.– Dichte: 5,5–5,8.– Glanz: metallisch.– Diagnostisch: dunkles, opakes Mineral, in Salpetersäure löslich.– Vorkommen: mit hydrothermalen Sulfiderzen, oft sek. angereichert.– Fundorte: Butte (Montana), Arizona, Tsumeb (Namibia), Chile, Peru, Mexiko, UdSSR, Italien, Frankenberg, Transvaal, Cornwall. (S)

Sphalerit (Zinkblende). Formel: ZnS.– Kristallsystem: kubisch.– Habitus: Tetraeder, Rhombendodekaeder, Kristallkanten abgerundet.– Farbe: gelblichbraun bis schwarz.– Strich: gelblichbraun, braun.– Spaltbarkeit: vollkommen, parallel zum Rhombendodekaeder.– Bruch: muschelig, sehr spröde.– Härte: 3,5–4.– Dichte: 3,9–4,2.– Glanz: harzartig, evtl. diamantig.– Diagnostisch: rel. hohe Dichte, Sprödigkeit; Farbvielfalt bereitet Probleme.– Vorkommen: meist in hydrothermalen Gängen mit Bleiglanz, Baryt, Fluorit und Chalkopyrit; als Verdrängungsmineral mit Magnetit und Pyrit.– Fundorte: Missouri, Oklahoma, Kansas, Bolivien, Jugoslawien, CSFR, Ungarn, Italien, Schweiz, Australien, England. (BS, JMC, CP).

Chalkopyrit (Kupferkies). Formel: $CuFeS_2$.– Kristallsystem: tetragonal.– Habitus: massig, körnig; pseudohexagonale Kristalle häufig.– Farbe: messinggelb.– Strich: grünlich-schwarz.– Spaltbarkeit: schlecht.– Bruch: uneben.– Härte: 3,5–4.– Dichte: 4,1–4,3.– Glanz: metallisch.– Diagnostisch: löslich in Salpetersäure, stärkeres Gelb als Pyrit und weniger hart.– Vorkommen: in hydrothermalen Gängen, in Porphyry Copper Ores, als Kluftfüllung in Dioriten, in Kontaktaureolen.– Fundorte: Utah, Arizona, Montana, Ural, Chile, Sudbury (Kanada), Frankreich, Schweden, Jugoslawien, Rio Tinto (Spanien), Deutschland, Italien, Zypern, Australien, England. (K, CP)

Bornit (Buntkupferkies). Formel: Cu_5FeS_4.– Kristallsystem: kubisch.– Habitus: Würfel, Oktaeder; meist massig.– Farbe: kupferrot; läuft bunt an, irisierend (Name).– Strich: grau–schwarz.– Spaltbarkeit: keine.– Bruch: uneben.– Härte: 3.– Dichte: 4,9–5,4.– Glanz: metallisch.– Diagnostisch: Farbenspiel beim Anlaufen, löslich in Salpetersäure, hohe Dichte.– Vorkommen: hydrothermale Gänge, magmatische Differentiation.– Fundorte: Connecticut, Montana, Chile, Mexiko, Peru, Australien, Sambia, Zermatt (Schweiz), Großvenediger (Tirol), England. (JHF)

Covellin (Kupferindig). Formel: CuS.– Kristallsystem: hexagonal.– Habitus: tafelige Kristalle selten; massig.– Farbe: indigoblau, irisierend.– Strich: grau–schwarz.– Spaltbarkeit: vollkommen zur Basis.– Bruch: uneben.– Härte: 1,5–2.– Dichte: 4,6–4,8.– Glanz: metallisch, matt.– Diagnostisch: geringe Härte, gute Spaltbarkeit, Farbe.– Vorkommen: in hydrothermalen Gängen, als sek. Anreicherungen von Kupfererzen.– Fundorte: Butte (Montana), Alaska, Bolivien, Chile, Italien, Sardinien, Jugoslawien. (K)

Molybdänit (Molybdänglanz). Formel: MoS_2.– Kristallsystem: hexagonal.– Habitus: meist als schuppige Massen, auch körnig und in hexagonalen Blättchen.– Farbe: bleigrau mit blauem Stich.– Strich: blaugrau.– Spaltbarkeit: sehr vollkommen.– Bruch: flexible, nichtelastische Biegsamkeit.– Härte: 1–1,5.– Dichte: 4,6–4,8.– Glanz: metallisch.– Diagnostisch: dichter als Graphit, fühlt sich fettig an, perfekte Spaltbarkeit, sehr weich.– Vorkommen: nur in kleinen Lagerstätten, in Graniten als Nebengemengteil, in Quarz- und Pegmatitgängen.– Fundorte: New Jersey, Colorado, Mexiko, Bolivien, Australien, Österreich, Dunje (Jug.), CSFR, Italien, Norwegen, England. (K, CP)

Antimonit (Antimonglanz, Stibnit). Formel: Sb_2S_3.– Kristallsystem: orthorhombisch.– Habitus: nadelige, prismatische, längsgestreifte Kristalle; mitunter in derben oder körnigen Massen.– Farbe: bleigrau.– Strich: bleigrau.– Spaltbarkeit: vollkommen, parallel zu den Prismen.– Bruch: spröde, muschelig.– Härte: 2.– Dichte: 4,5–4,7.– Glanz: metallisch, matt.– Diagnostisch: schmilzt bei kleiner Flamme, sehr weich, vollkommene Spaltbarkeit.– Vorkommen: in hydrothermalen Gängen mit Quarz, in Ablagerungen heißer Quellen.– Fundorte: Shikoku (Japan), Rumänien, Jugoslawien, CSFR, Hunan (China), Kalifornien, Peru, Mexiko, Bolivien, Italien. (K)

Auripigment. Formel: As_2S_3.– Kristallsystem: monoklin.– Habitus: massig, blättrig, spätig.– Farbe: gelb, orange, goldgelb.– Strich: gelb.– Spaltbarkeit: vollkommen, in dünnen, biegsamen Blättchen.– Bruch: muschelig, flexibel.– Härte: 1,5–2.– Dichte: 3,5.– Glanz: harzartig, auf den Spaltebenen perlmuttartig.– Diagnostisch: Farbe, geringe Härte.– Vorkommen: in niedrigthermalen Gängen, oft mit Realgar; in Ablagerungen heißer Quellen.– Fundorte: Georgien (Kaukasus), Kurdistan (Türkei, Iran), Nevada, Vesuv (Italien). (K)

Enargit. Formel: Cu_3AsS_4.– Kristallsystem: orthorhombisch.– Habitus: tafelig, blättrig oder körnig, massig.– Farbe: schwarz.– Strich: schwarz.– Spaltbarkeit: vollkommen nach dem Prisma.– Bruch: uneben.– Härte: 3.– Dichte: 4,4.– Glanz: metallisch.– Diagnostisch: Spaltbarkeit, schmilzt bei kleiner Flamme.– Vorkommen: in hydrothermalen Gängen zusammen mit Pyrit, Tetraedrit, Sphalerit, Bornit und Chalkosin.– Fundorte: Chile, Peru, Mexiko, Argentinien, Philippinen, Utah, Montana, Colorado, Italien, Jugoslawien, Namibia. (C)

Tetraedrit
Stannin
Pyrit
Arsenopyrit
Markasit
Pyrit
Markasit

Cobaltin

Tetraedrit

Bournonit

Pyrit. Formel: FeS_2.– Kristallsystem: kubisch.– Habitus: Würfel (gestreift, Oktaeder, Pentagondodekaeder; massig, knollig, nierig.– Farbe: messinggelb, oft farbig anlaufend.– Strich: grünlich-schwarz.– Spaltbarkeit: unvollkommen.– Bruch: uneben, muschelig, spröd.– Härte: 6–6,5.– Dichte: 4,8–5,2.– Glanz: metallisch.– Diagnostisch: Farbe, Würfelstreifen, härter und heller als Chalkopyrit.– Vorkommen: in fast allen geologischen Environments (‚Durchläufer') wie hydrothermale Gänge, Nebenmineral in Magmatiten, in kristallinen Schiefern, in bituminösen Schiefertonen (pyritisierte Fossilien).– Fundorte: weltweit; berühmte Funde in Rio Tinto (Spanien); im Harz, in Tasmanien, Japan, Colorado, Arizona, Pennsylvenia, Norwegen, Kanada, Südafrika, Elba (Italien). (JHF, CP)

Markasit. Formel: FeS_2.– Kristallsystem: orthorhombisch.– Habitus: flach prismatisch, oft knollig, strahlig oder als Kammkies.– Farbe: blasses Messinggelb.– Strich: dunkelgrau.– Spaltbarkeit: schlecht, nach dem Prisma.– Bruch: uneben.– Härte: 6–6,5.– Dichte: 4,9.– Glanz: metallisch.– Diagnostisch: heller als Pyrit, geringere Dichte als dieser, Kammformen.– Vorkommen: in hydrothermalen Gängen (niedriggradiger als Pyrit), in Sedimenten (Kreide) in Form von Knollen mit interner strahliger Struktur.– Fundorte: in Gängen Westfalens und Oberschlesiens, in Tonsteinen der CSFR, Missouri, Illinois, Rumänien, England (Kreide). (K)

Arsenopyrit (Arsenkies). Formel: FeAsS.– Kristallsystem: monoklin.– Habitus: länglich prismatisch, pseudo-orthorhombisch; körnig, massig.– Farbe: silbergrau, läuft gelblichbraun an.– Strich: dunkelgrau bis schwarz.– Spaltbarkeit: schlecht, nach dem Prisma.– Bruch: uneben.– Härte: 5,5–6.– Dichte: 5,9–6,2.– Glanz: metallisch.– Diagnostisch: Farbe, hohe Dichte, Kristallform.– Vorkommen: in hydrothermalen Gängen, oft mit Au, Ag, W und Sn; auch in Pegmatiten und metamorphen Lagerstätten.– Fundorte: Freiberg (Sachsen), Boliden (Schweden), Norwegen, Kanada, Jugoslawien, Italien, Österreich; in Mexiko, Colorado, Bolivien und Cornwall feinkörnige Kristalle. (K)

Stannin (Zinnkies). Formel: Cu_2SnFeS_4.– Kristallsystem: tetragonal.– Habitus: massig oder körnig, Kristalle selten.– Farbe: stahlgrau bis bronze.– Strich: schwarz.– Spaltbarkeit: unvollkommen.– Bruch: uneben, sehr spröd.– Härte: 4.– Dichte: 4,4.– Glanz: metallisch.– Diagnostisch: Farbe, rel. geringe Härte, hohe Dichte.– Vorkommen: in hydrothermalen Gängen mit Galenit, Cassiterit, Sphalerit und Chalkopyrit, auch mit Zinnerzen.– Fundorte: In vielen Zinnprovinzen wie Malaysia, Indonesien, China, Bolivien; Sachsen, England. (JMC)

Tetraedrit–Tennantit-Gruppe. Formel: $(Cu,Fe)_{12}(Sb,As)_4S_{13}$.– Kristallsystem: kubisch.– Habitus: massig, körnig; Tetraeder.– Farbe: Tetraedrit stahlgrau, Tennantit bläulichgrau.– Strich: dunkelgrau bis schwarz.– Spaltbarkeit: keine.– Bruch: uneben bis leicht muschelig.– Härte: 3–4,5.– Dichte: 4,6–5,2.– Glanz: metallisch, matt.– Diagnostisch: dunkle Farbe, geringe Härte, Tetraeder.– Vorkommen: in hydrothermalen Gängen mit Cu, Ag, Pb und Zn; Tennantit auch in metasomatischen Kalksteinen.– Fundorte: In vielen Cu-, Pb- und Zn-Distrikten, so etwa in Nevada, Neumexiko, Kalifornien, Arizona; Bolivien, Chile, Peru; British Columbia (Kanada), Boliden (Schweden), Pribram (CSFR), Freiberg in Sachsen und Cornwall (England). (JMC)

Bournonit (Rädelerz). Formel: $PbCuSbS_3$.– Kristallsystem: orthorhombisch.– Habitus: körnig, tafelig, prismatisch; Zwillinge erinnern oft an Zahnräder (Name).– Farbe: dunkelgrau, schwarz.– Strich: schwarz.– Spaltbarkeit: schlecht.– Bruch: muschelig, uneben.– Härte: 2,5–3.– Dichte: 5,9.– Glanz: metallisch.– Diagnostisch: hohe Dichte, Zwillingskristalle.– Vorkommen: in hydrothermalen Gängen mit anderen Sulfiden.– Fundorte: Cornwall, Harz, Pribram (CSFR), Kärnten, Italien, Utah, Mexiko, Bolivien, Japan. (S)

Tetraedrit. Dieser Detailausschnitt zeigt die tetraedrischen Kristallflächen. (S)

Cobaltin (Kobaltglanz). Formel: CoAsS.– Kristallsystem: kubisch.– Habitus: körnig, massig; Würfelkristalle.– Farbe: silbrig, stahlgrau.– Strich: dunkelgrau.– Spaltbarkeit: schlecht.– Bruch: uneben.– Härte: 5,5.– Dichte: 6,3.– Glanz: metallisch.– Vorkommen: in hydrothermalen Gängen.– Fundorte: Ontario, Tunaberg (Schweden), Siegerland. (C)

Jamesonit

Nickelin

Galenit (Bleiglanz). Formel: PbS.– Kristallsystem: kubisch.– Habitus: oft Würfel, auch Oktaeder.– Farbe: bleigrau, am frischen Bruch oft silbrig-blau.– Strich: bleigrau.– Spaltbarkeit: vollkommen, bei Bruch zahlreiche kleine Würfel.– Bruch: uneben, muschelig.– Härte: 2,5.– Dichte: 7,5.– Glanz: metallisch bis matt; frische Bruchstellen glänzen, laufen aber rasch matt an.– Diagnostisch: geringe Härte, hohe Dichte; perfekte Würfel; bei Erhitzen mit Salzsäure bildet sich ein Geruch nach faulen Eiern (Schwefelwasserstoffgas).– Vorkommen: in hydrothermalen Gängen mittleren Grades; Galenit ist vergesellschaftet mit anderen Sulfiderzen wie Sphalerit oder Mineralen wie Quarz, Calcit, Baryt oder Fluorit. In manchen Kalksteinen ist Galenit ein Verdrängungsmineral, das seine Substanz aus feinverteilten Partikeln, die aus entfernteren Gängen stammen, bezieht.– Fundorte: In vielen Gebieten der Erde häufig. Die bekanntesten Lagerstätten befinden sich in Kansas, Oklahoma, Missouri, Broken Hill (Australien), Mexiko, Peru; daneben Deutschland, Österreich, Italien, CSFR, Jugoslawien und England. (K, CP)

Cinnabarit (Zinnober). Formel: HgS.– Kristallsystem: hexagonal.– Habitus: körnig, massig; tafelige und rhomboedrische, aber auch prismatische und nadelige Kristalle.– Farbe: dunkelrot bis braunrot.– Strich: rot.– Spaltbarkeit: vollkommen, nach dem Prisma.– Bruch: uneben.– Härte: 2–2,5.– Dichte: 8,1.– Glanz: diamanten, evtl. metallisch; in Massen eher matt.– Diagnostisch: Farbe, Strich, hohe Dichte.– Vorkommen: zusammen mit Realgar und Pyrit im Umfeld heißer Quellen und aktiver Vulkanschlote; sedimentär auf Klüften und Verwerfungen. Auch in seifenähnlichen Situationen unterhalb primärer Lagerstätten.– Fundorte: bekannteste Lagerstätte Almadén (Spanien); ferner Idria (Jugoslawien), Monte Amiata (Toskana), Algerien, Nikitowka (UdSSR), Peru, China, Kanada, Kalifornien. (L)

Realgar. Formel: AsS.– Kristallsystem: monoklin.– Habitus: massig, körnig; kleine, prismatische Kristalle.– Farbe: rot bis orange.– Strich: rot, orange.– Spaltbarkeit: kaum sichtbar.– Bruch: muschelig, uneben.– Härte: 1,5–2.– Dichte: 3,6.– Glanz: harzartig.– Diagnostisch: Glanz, Härte und Farbe.– Vorkommen: in Umfeld heißer Quellen, in hydrothermalen Gängen, mit Auripigment, Sn, Sb, Pb und Ag.– Fundorte: Nevada, Utah, Washington, Ungarn, Jugoslawien, Türkei und Italien. (L, CP)

Jamesonit. Formel: $Pb_4FeSb_6S_{14}$.– Kristallsystem: monoklin.– Habitus: nadelig.– Farbe: dunkelgrau.– Strich: grau–schwarz.– Spaltbarkeit: vollkommen zur Basis.– Bruch: muschelig, uneben.– Härte: 2–3.– Dichte: 5,5–6.– Glanz: metallisch.– Vorkommen: in hydrothermalen Gängen mit Blei- und Eisensulfiden.– Fundorte: weitverbreitet; Binnental (Schweiz), Thüringen, Jugoslawien, Mexiko, England. (C)

Nickelin (Rotnickelkies). Formel: NiAsS.– Kristallsystem: hexagonal.– Habitus: massig, kurztafelige Kristalle sehr selten.– Farbe: blasses kupferrot.– Strich: schwärzlichbraun.– Spaltbarkeit: keine.– Bruch: uneben.– Härte: 5–5,5.– Dichte: 7,8.– Glanz:

metallisch.– Diagnostisch: hohe Dichte, Farbe.– Vorkommen: in hydrothermalen Gängen mit Ni und Ag, auch in Noriten und Gabbros mit Cu- und Ni-Sulfiden.– Fundorte: Eldorado und Cobalt (Kanada), Jachymov (CSFR), Harz, Schneeberg, La Rioja (Argentinien), Italien. (C)

Quarz. Formel: SiO_2.– Kristallsystem: trigonal.– Habitus: sehr häufig als sechsseitige Prismen mit pyramidaler Spitze. Viele Kristalle sind hypidiomorph, Zwillinge sind häufig.– Farbe: eines der farbvariabelsten Minerale, der meiste Quarz ist weiß *(Milchquarz)* oder farblos (*Bergkristall*). Die Farbvarietäten tragen eigene Namen: Der violette *Amethyst*, ein Halbedelstein, wird von Mangan- und/oder Eisenspuren so gefärbt. *Rosenquarz* ist eine rosa Abart mit Mangan oder Titan als Farbgeber, der bei Hitze die Farbe einbüßt. *Rauchquarz*, ein dunkelbrauner Quarz, wird vermutlich durch natürliche radioaktive Strahlung verfärbt. Der ganz dunkle oder schwarze Quarz heißt *Morion*. Von gelber Farbe ist der *Citrin* aufgrund von färbenden Eisenhydraten. *Prasem* ist eine grüne Abart, dessen Farbe wahrscheinlich auf eingeschlossenen Aktinolith (ein Amphibol) zurückgeht.– Strich: weiß.– Spaltbarkeit: keine.– Bruch: uneben, muschelig.– Härte: 7 (Kennmineral der Mohs-Skala).– Dichte: 2,65.– Glanz: glasartig.– Diagnostisch: Härte, fehlende Spaltbarkeit, Habitus.– Vorkommen: in allen geologischen Environments, Bestandteil vieler saurer Magmatite, insbesondere von Granit und Rhyolith. In vielen Metamorphiten wie Gneis, kristalline Schiefer, Metaquarzit; manche Sedimente bestehen monomineralisch aus Quarz (Quarzsande). In hydrothermalen Gängen als Gangart. Die schönsten Kristalle finden sich in blasigen Hohlräumen von Laven und auf alpinen Klüften.– Fundorte: weltweit, bestimmte Gebiete bekannt wegen ihrer Varietäten: in den Alpen und Pyrenäen die Bergkristalle und Rauchquarze; Italien, CSFR und Rumänien ebenfalls Bergkristall und Amethyst; Mexiko, Brasilien und USA große Amethyste und Rauchquarze; Japan verfügt über alle Varietäten, Australien ist bekannt für schönen Prasem; Schottland hat schöne Rauchquarze. In Deutschland sind Schwarzwald, Fichtelgebirge und Bayerischer Wald erwähnenswert. (K, BS, JHF, CP)

Quarzstufe. Eine herrliche Stufe mit zahlreichen Bergkristallprismen aus der Dauphiné (Westalpen). Das Exemplar ist etwa 40 cm lang. (L)

Quarzstufe, Frankreich

Achat
Cristobalit
Achat
Achat
Jaspis
Chalcedon
Tigerauge
Achat
Holzopal
Chalcedon
Moosachat

Opal

Chalcedon-Finger

Chalcedon. Formel: SiO_2; mikrokristalline Form von Siliciumdioxid aus sehr kleinen Kristallen und Poren. Es existiert eine Reihe Varietäten, von denen Chalcedon und *Achat* die wichtigsten sind.– Kristallsystem: trigonal, jedoch wegen der mikrokristallinen Form mit normalen Mitteln nicht identifizierbar.– Habitus: In der Regel traubig oder kugelig entwickelt; Achat ist von konzentrischer Ablagerungsstruktur.– Farbe: große Variationsbreite von weiß bis tiefrot und blau. Die Schönheit von Chalcedon und besonders Achat beruht auf der Abfolge der unterschiedlich gefärbten Bänder.– Strich: weiß.– Spaltbarkeit: keine.– Bruch: uneben, muschelig.– Härte: 6,5–7.– Dichte: 2,6.– Glanz: glasig, jedoch zeigen viele Varietäten des Chalcedons einen Wachsglanz.– Diagnostisch: der Habitus, die Härte und die höhere Dichte als Opal.– Vorkommen: Chalcedon und Achat kristallisieren in Drusen und Hohlräumen durch Ausfällen aus Lösungen. Das Endprodukt, oft Geode genannt, kann gebänderten Achat enthalten, dessen innerer Hohlraum von Quarzkristallen gesäumt wird. In basaltischen Blasenhohlräumen sind Chalcedon- und Achatsprossungen sehr verbreitet.– Weitere Varietäten: *Jaspis* ist oft von Eisenoxiden tiefrot gefärbt. *Moosachat* ist ein farbloser Chalcedon mit moosähnlich durchscheinenden Dendriten aus Manganoxiden. *Tigerauge* ist eine Quarzform mit gebänderter gelb-brauner Struktur, die von Krokydolith-Fasern herrührt.– Fundorte: weltweit verbreitet, folgende Gebiete sind für ihre Varietäten bekannt: Brasilien, Uruguay und Italien für ihre herrlichen Achate (früher auch Idar-Oberstein), Südafrika und Namibia für ihre Tigeraugen. (K, BS, JHF, CP)

Cristobalit. Formel: SiO_2.– Kristallsystem: kubisch.– Habitus: gewöhnlich in derben Massen, Oktaeder sehr selten.– Farbe: weiß oder blaßgrau.– Strich: weiß.– Spaltbarkeit: keine.– Bruch: muschelig.– Härte: 7.– Dichte: 2,3.– Glanz: perlmutt- bis glasartig.– Diagnostisch: Härte, fehlende Spaltbarkeit; der Habitus unterscheidet ihn vom Quarz.– Vorkommen: als sehr kleine Kristalle in Lava, gewöhnlich Obsidian und andere vulkanische Gläser. Cristobalit ist die stabile Hochtemperaturform des Quarzes und bildet sich bei 1470 °C.– Fundorte: weitverbreitet, jedoch selten in intermediären Laven; Cerro San Cristobal (Mexiko), Kalifornien, Oregon, Colorado. (K)

Opal. Formel: $SiO_2 \cdot n\,H_2O$.– Kristallsystem: kein Kristall, sondern amorphe Substanz.– Habitus: schmale Adern, Tröpfchen, Krusten und Zapfen (stalaktitisch).– Farbe: sehr vielfältig, von blaßrosa und –blau bis schwarz. Opal von Schmucksteinqualität erhält sein brilliantes Farbenspiel (‚opalisieren') durch Lichtbrechung im Innern des Steins.– Strich: weiß.– Spaltbarkeit: keine.– Bruch: muschelig.– Härte: 5,5–6,5.– Dichte: 1,9–2,5.– Glanz: perlmutt-, fett- und harzartig, meist aber glasartig.– Diagnostisch: geringere Härte und Dichte als Quarz und Chalcedon.– Vorkommen: Ausfällungsprodukt siliciumreicher Lösungen bei niedrigen Temperaturen, in Gängen und Hohlräumen. Bei niedrigen Temperaturen Entstehung in Sedimenten; Absatzmineral heißer Quellen.– Fundorte: weitverbreitet, einige Gebiete sind berühmt für besondere Varietäten. Süd- und Westaustralien bringen die begehrtesten Edelopale hervor. In Mexiko findet sich Feueropal. Ferner Humboldt County (Nevada), Yellowstone mit Holzopal. Europäische Opalvorkommen sind in der CSFR (Böhmen) und im Puy-de-Dôme-Gebiet, in England, Ungarn, Siebenbürgen (Rumänien). (L)

Chalcedon-Finger. Chalcedon bildet sich oft in Hohlräumen des Gesteins. Hier in dieser Geode (20 cm ø) kristallisierte der Chalcedon in Form dieser ‚Finger'. (L)

Magnetit
Zinkit
Hämatit
Hämatit
Chromit
blättriger Magnetit
Glaskopf (Hämatit)
Cuprit
Hämatit
Chromit
Hämatit
Magnetit

Franklinit

Spinell

‚Wüstenrose'

Magnetit. Formel: Fe_3O_4. Isomorpher Ersatz erzeugt ähnliche Minerale wie Franklinit $(Zn,Mn,Fe)(Fe,Mn)_2O_4$, Magnesioferrit $MgFe_2O_4$ und Trevorit $NiFe_2O_4$, die aber viel seltener sind.– Kristallsystem: kubisch.– Habitus: körnig, massig, aber auch Tetraeder und Rhombendodekaeder.– Farbe: schwarz.– Strich: schwarz.– Spaltbarkeit: keine, die oktaedrische Struktur täuscht Spaltbarkeit vor.– Bruch: uneben, muschelig.– Härte: 5,5–6,5.– Dichte: 5,2.– Glanz: metallisch, matt.– Diagnostisch: stark magnetisch, Farbe, Strich, Härte.– Vorkommen: in hochtemperierten Gängen, als Nebenmineral in vielen basischen bis ultrabasischen Gesteinen. Absatzmineral durch magmatische Segregation an der Basis großer Plutone. In manchen Metamorphiten häufig. Strandseifen enthalten oft soviel Magnetit, daß der Sand schwarz ist.– Fundorte: Lahn-Dill-Gebiet (Hessen), Kiruna (Schweden) in riesigen Tagebauen; feine Kristalle aus dem Zillertal (Östereich) und der Schweiz. Im Bushveld-Pluton (Südafrika), in Utah, Wyoming, im Ural. (K)

Hämatit. Formel: Fe_2O_3.– Kristallsystem: trigonal.– Habitus: tafelige oder rhomboedrische Kristalle (wenn schwarz: Specularit), auch in schuppigen Massen sowie traubig und nierig (‚Glaskopf'); erdige Massen .– Farbe: meist rotbraun, auch stahlgrau bis schwarz.– Strich: rot bis rotbraun.– Spaltbarkeit: keine.– Bruch: uneben, muschelig.– Härte: 5,5–6,5.– Dichte: 4,9–5,3.– Glanz: matt bis erdig, metallisch.– Diagnostisch: Härte, rotbrauner Strich; sehr typisch als Glaskopf.– Vorkommen: hydrothermales Mineral, Nebenmineral in Magmatiten. Primär in vielen Sedimenten entstanden, häufig auch metasomatisch in großen Lagerstätten .– Fundorte: Oberer See, USA (große Lagerstätte), Quebec, Ukraine, Kiruna, England; schöne Fundstellen auch in den Alpen, auf Elba, im Lahn-Dill-Gebiet. (K, CP)

Zinkit (Rotzinkerz). Formel: ZnO.– Kristallsystem: hexagonal.– Habitus: massig, körnig, Kristalle rar.– Farbe: rot, auch orangegelb.– Strich: orangegelb.– Spaltbarkeit: vollkommem, nach dem Prisma.– Bruch: muschelig.– Härte: 4–4,5.– Dichte: 5,4–5,7.– Glanz: diamanten.– Diagnostisch: Farbe und Strich, löslich in Salzsäure.– Vorkommen: in Kontaktaureolen.– Fundorte: sehr seltenes Mineral, außer in Franklin (New Jersey, USA). (K)

Chromit. Formel: $FeCr_2O_4$.– Kristallsystem: kubisch.– Habitus: massig, körnig, Oktaeder sind selten.– Farbe: schwarz bis braun.– Strich: braun.– Spaltbarkeit: keine.– Bruch: uneben.– Härte: 5,5.– Dichte: 4,5–4,8.– Glanz: metallisch, fettartig.– Diagnostisch: brauner Strich, schwach magnetisch.– Vorkommen: Mineralbildung durch Segregation ultrabasischer Schmelzen (Serpentinit, Peridotit); auch in Seifen.– Fundorte: große Lagerstätten im Ural und im Bushveld-Komplex (Südafrika); ferner Philippinen, Namibia, Zimbabwe, Indien, Iran, Albanien, Türkei. (K)

Cuprit (Rotkupfererz). Formel: Cu_2O.– Kristallsystem: kubisch.– Habitus: Oktaeder, Rhombendodekaeder, Würfel; körnig oder massig.– Farbe: rot bis schwarz.– Strich: rötlichbraun.– Spaltbarkeit: schlecht.– Bruch: uneben, muschelig.– Härte: 3,5–4.– Dichte: 5,8–6,2.– Glanz: diamanten, leicht metallisch.– Diagnostisch: relativ weich, aber härter als Zinnober und weicher als Hämatit.– Vorkommen: in der Oxidationszone von Kupfererzen.– Fundorte: schöne Kristalle in Cornwall, bei Lyon (Frankreich); ferner Arizona, Neumexiko, Ural, Bolivien und Namibia. (K)

Franklinit. Formel: $(Zn,Mn,Fe)(Fe,Mn)_2O_4$. Kristallsystem: kubisch.– Habitus: Oktaeder, sonst körnig, massig.– Farbe: schwarz, rötlich.– Strich: bräunlich-rot.– Spaltbarkeit: keine.– Bruch: muschelig, uneben.– Härte: 5,5–6,5.– Dichte: 5–5,2.– Glanz: metallisch.– Diagnostisch: leicht magnetisch.– Vorkommen: in Zinklagerstätten metasomatischer Erzkörper.– Fundorte: Franklin, Sterling Hill (New Jersey, USA). (L)

Spinell. Formel: $MgAl_2O_4$.– Kristallsystem: kubisch.– Habitus: Oktaeder, meist rundliche Körner, massig.– Farbe: rot, rosa, weiß, grün, blau und schwarz.– Strich: weiß, grau.– Spaltbarkeit: keine.– Bruch: muschelig.– Härte: 8.– Dichte: 3,5–4,1.– Glanz: glasartig.– Diagnostisch: Härte und Farbe; letztere reflektiert die chemisch verschiedenen Spinellarten (Fe, Zn und Mn ersetzen Mg): *Pleonast*, ein dunkelgrüner Eisenspinell; der braune *Pikotit*, ein Eisen- und Chromspinell; der dunkelgrüne, zinkhaltige *Gahnit* und der schwarze Eisenspinell *Hercynit*.– Vorkommen: in kontaktmetamorphen Kalken und Dolomiten, in basischen bis ultrabasischen Magmatiten; auch in Seifen.– Fundorte: in Alluvialsanden Indiens, Birmas, Thailands, Madagaskars, Sri Lankas und Afghanistans; in Italien (Vesuv), Schweden, Kanada und USA. (C)

Eisenrose. Diese Hämatitvarietät hat die Form einer Rose, mit hexagonalen tafeligen Kristallen als ‚Blütenblätter'. (C)

gekrümmte Siderite

Korund. Formel: Al_2O_3.– Kristallsystem: trigonal.– Habitus: typisch in tonnenförmigen Prismen; körnig, massig.– Farbe: vielfältig, von farblos über grau bis gelb. Roter Korund ist *Rubin*, blauer *Saphir*.– Strich: weiß.– Spaltbarkeit: keine.– Bruch: muschelig, uneben.– Härte: 9.– Dichte: 3,9–4,1.– Glanz: glasartig, diamanten.– Diagnostisch: die extreme Härte, Habitus.– Vorkommen: akzessorisch in intermediären Gesteinen (z.B. Nephelinsyenit), in Pegmatiten. Auch in siliciumarmen, hochmetamorphen Gesteinen wie Marmor oder Gneis. Wegen seiner Härte reichert sich Korund in manchen Sanden an.– Fundorte: Rubine finden sich in Burma, Thailand, Kashmir, Malakka, Sri Lanka, Saphire in Afghanistan, Birma, Kashmir, Sri Lanka, Thailand, Australien; ferner Montana, Kapprovinz (Südafrika) und Australien. (K)

Cassiterit (Zinnstein)**.** Formel: SnO_2.– Kristallsystem: tetragonal.– Habitus: massig, körnig; auch in gedrungenen Prismen und Pyramiden.– Farbe: schwarz bis braun.– Strich: hellgrau bis weiß.– Spaltbarkeit: schlecht, nach dem Prisma.– Bruch: muschelig, uneben.– Härte: 6–7.– Dichte: 6,8–7,2.– Glanz: leicht metallisch, diamanten.– Diagnostisch: heller Strich, hohe Dichte.– Vorkommen: in hydrothermalen Gängen in der Peripherie von Granitplutonen und (bedeutender) als Seifenmineral.– Fundorte: Ostsibirien, Malaysia, Indonesien, China und Bolivien. In Maine und Süddakota, Mexiko, Deutschland (Erzgebirge, Fichtelgebirge), Frankreich, Portugal und Cornwall schöne Kristalle. (CP)

Rutil. Formel: TiO_2.– Kristallsystem: tetragonal.– Habitus: prismatisch, gestreift, mit Pyramiden; massig.– Farbe: gelblich, dunkelrot, braun, schwarz.– Strich: braun.– Spaltbarkeit: vollkommen nach dem Prisma.– Bruch: uneben, muschelig.– Härte: 6–6,5.– Dichte: 4,2–4,3.– Glanz: diamanten, leicht metallisch.– Diagnostisch: Habitus, Glanz.– Vorkommen: akzessorisch in vielen Magmatiten (z.B. Granit); in Metamorphiten; als Einschlüsse (‚Venushaar') in Quarzen.– Fundorte: schöne Kristalle in alpinen Klüften Österreichs und der Schweiz; ferner in Norwegen, im Ural, in Mexiko, Brasilien, Virginia, Arkansas, Nordcarolina und Georgia. (K)

Gekrümmte Siderite. Kristallflächen müssen nicht immer plan sein. Beim Siderit, einem Eisencarbonat, trifft man oft auf gekrümmte Rhomboederflächen, wie in diesem Beispiel. (L)

Siderit (Eisenspat)**.** Formel: $FeCO_3$.– Kristallsystem: trigonal.– Habitus: gekrümmte Rhomboederflächen, sonst körnig, massig.– Farbe: bräunlich, grau, auch schwarz.– Strich: weiß.– Spaltbarkeit: vollkommen in Rhomboeder.– Bruch: uneben, spröde.–

Aufgelassene Zinngrube, Cornwall

Rutilnadeln (Venushaar)

Cassiterit

Härte: 3,5–4,5.– Dichte: 3,7–4.– Glanz: matt, glasartig.– Diagnostisch: die gekrümmten Kristallflächen, die höhere Dichte als Dolomit; löslich in warmer Salzsäure.– Vorkommen: in hydrothermalen Gängen, in Tonen und Tonschiefern, oft als Konkretionen. Calcit kann durch Siderit ersetzt werden.– Fundorte: weitverbreitet, häufig; schöne Kristalle im Siegerland, im Harz, am Erzberg in der Steiermark, Brosso (Italien), Lothringen, Panasqueriros (Portugal), Schottland. Ferner USA, Grönland, Bolivien, Brasilien und Kanada. (K, CP)

Ilmenit. Formel: $FeTiO_3$.– Kristallsystem: trigonal.– Habitus: massig, körnig, tafelige Kristalle.– Farbe: schwarz.– Strich: schwarz, braun.– Spaltbarkeit: keine.– Bruch: muschelig.– Härte: 5–6.– Dichte: 4,5–5.– Glanz: metallisch.– Diagnostisch: verwechselbar mit Magnetit, jedoch nicht magnetisch.– Vorkommen: akzessorisch in vielen Magmatiten, entsteht auch bei magmatischer Segregation. Selten in Quarzgängen und Pegmatiten. Wegen seiner Verwitterungsresistenz oft in Seifen.– Fundorte: Frankreich, Schweiz, Norwegen mit großen Kristallen. Die Strandseifen bei Travancore (SW-Indien) enthalten bis zu 70% Ilmenit. Ferner findet sich Ilmenit im Ilmen-Gebirge (UdSSR), in New York, Kanada, Brasilien, Italien und Cornwall. (K)

Rutilnadeln. Typische Rutileinschlüsse als feinste Nadeln (‚Venushaar'), wie hier in Quarz. Oft kreuzen sie sich in einem Winkel von 60°. (L)

Cassiterit. Das schwere Zinnerz (schwarz) bildet zusammen mit Quarz diese schöne Stufe; Länge 3 cm. (C)

Aufgelassene Zinngrube in Cornwall (Craddock Moor). An früher erinnern diese Mauerreste, als im letzten Jahrhundert noch Zinn-, Blei-, Zink- und Kupfererze in über 600 Minen gefördert wurden. Noch immer können auf den alten Abraumhalden Sphalerit, Galenit oder Cassiterit gefunden werden.

Pyrolusit
Brucit
Bauxit
Manganit
Goethit

Psilomelan

stalaktitischer und traubiger Goethit

dendritischer Pyrolusit

Limonit

Pyrolusit (Braunerz). Formel: MnO_2.– Kristallsystem: tetragonal.– Habitus: meist massig, nierig oder faserig, oft auch amorph.– Farbe: schwarz.– Strich: schwarz.– Spaltbarkeit: nach dem Prisma.– Bruch: spröde, uneben.– Härte: Kristalle 6–6,5, Massen 1–2.– Dichte: 4,7–5,1.– Glanz: metallisch, matt.– Diagnostisch: geringe Härte wenn massig, Farbe.– Vorkommen: oft als ausgefällte Krusten in Mooren, Seen und Lagunen; in Manganknollen der Tiefsee.– Fundorte: große Lagerstätten von Pyrolusit und Wad in Georgien (Kaukasus), im Dekkan (Indien), Brasilien und Südafrika. In Arkansas, der CSFR, Cornwall, Siegerland und Thüringen. (K)

Brucit. Formel: $Mg(OH)_2$.– Kristallsystem: trigonal.– Habitus: faserig, tafelig; massig.– Farbe: blaßgrün, weiß.– Strich: weiß.– Spaltbarkeit: vollkommen in Fasern oder Blättchen.– Bruch: uneben.– Härte: 2,5.– Dichte: 2,4.– Glanz: wachs-, perlmutt- oder glasartig.– Diagnostisch: ähnlich Talk, aber härter, löslich in Salzsäure.– Vorkommen: in kontaktmetamorphen Carbonatgesteinen, in hydrothermalen Gängen, in Chloritschiefern, in serpentinisierten Gesteinen.– Fundorte: häufig in Kontaktaureolen, Skye, Assynt (England), am Vesuv; in Pennsylvania, Texas und New York (USA), Quebec und Bajenow (UdSSR). (K)

Bauxit. Formel: Mineralgemenge aus Aluminiumhydroxiden ($Al_2O_3 \cdot 2\ H_2O$) und Eisenoxiden.– Habitus: massig oder knollig, oolithartig.– Farbe: rotbraun, gelblich-orange.– Weitere Merkmalsbeschreibungen entfallen, da zu heterogene Zusammensetzung.– Vorkommen: Rückstandsprodukt extremer tropischer Verwitterung, bei der so gut wie alle Minerale bis auf Eisen- und Aluminiumminerale zerstört und weggeführt werden.– Fundorte: Arkansas, Jamaica, Guayana, Surinam, Guinea, UdSSR, Indonesien, Australien, Ungarn, Jugoslawien, Griechenland, Frankreich (Les Baux). (K)

Goethit. Formel: FeO(OH).– Kristallsystem: orthorhombisch.– Habitus: massig, traubig, selten Prismen.– Farbe: dunkelbraun bis schwarz.– Strich: gelblichbraun.– Spaltbarkeit: vollkommen.– Bruch: uneben.– Härte: 5–5,5.– Dichte: 3,4–4,3.– Glanz: Fasern seidig, halbmetallisch.– Diagnostisch: fühlt sich fettig an; Strich, Farbe, Habitus.– Vorkommen: Oxidationsprodukt eisenhaltiger Erze; als *Limonit*, ein gelbliches Mineralgemenge in Böden und Raseneisenerzen; in Sumpfeisenerzen.– Fundorte: größere Vorkommen am Oberen See, Colorado, UdSSR, Elsaß-Lothringen, CSFR, Westfalen und Kuba.

Manganit. Formel: MnO(OH).– Kristallsystem: monoklin.– Habitus: prismatisch, oft gebündelt zu radiären Aggregaten.– Farbe: dunkelgrau, schwarz.– Strich: rotbraun, schwarz.– Spaltbarkeit: vollkommen nach dem Prisma.– Bruch: uneben.– Härte: 4.– Dichte: 4,2–4,4.– Glanz: halbmetallisch.– Diagnostisch: löslich in konz. Salzsäure, prismatischer Habitus.– Vorkommen: in niedrigthermalen Gängen, in der Oxidationszone zusammen mit Pyrolusit.– Fundorte: Nikopol (Ukraine), Michigan, Harz (DDR), Sardinien. (K)

Psilomelan. Formel: $BaMn_8O_{16}(OH)_4$.– Kristallsystem: monoklin.– Habitus: stalaktitisch, nierig, massig.– Farbe: schwarz.– Strich: schwarz.– Spaltbarkeit: keine.– Bruch: uneben.– Härte: 5–7.– Dichte: 3,5–4,7.– Glanz: matt, halbmetallisch.– Diagnostisch: fühlt sich oft fettig an.– Vorkommen: in der Oxidationszone von Manganerzen, in Quarzgängen.– Fundorte: weitverbreitet; riesige Lager in Nikopol (Ukraine) und Tschiatura (Georgien); auch im Schwarzwald, in Sachsen, Österreich, Südafrika, Ghana, Indien und Brasilien. (L)

Dendritischer Pyrolusit. Dieses Manganoxid tritt in pflanzenähnlichen, verästelten Formen auf, die als Dendriten bezeichnet werden. Sehr häufig in feinkörnigen Kalken, etwa im Solnhofener Plattenkalk. (C)

Stalaktitischer und traubiger Goethit. Goethit ist ein dunkles, relativ hartes Eisenhydroxid, das meist in derben Massen, aber auch in stalaktitischen und traubigen Formen auftritt; beide sind hier zu sehen. (C)

Limonit. Sein Hauptbestandteil ist mikrokristalliner Goethit, er enthält aber auch ockerfarbige Eisenoxide. Weitverbreitet kommt dieses Mineralgemenge sekundär in Verwitterungs- und Oxidationszonen von Eisenerzen vor. Große Mengen werden bei der Bodenentwicklung gebildet, in Raseneisenerzen, Sumpfeisenerzen und Bohnerzen. (S)

faseriger Magnesit
Magnesit
Dolomit
Dolomit
Rhodochrosit
Smithsonit

Dolomit-Rhomben

Rhodochrosit mit nierigem Habitus

Magnesit. Formel: $MgCO_3$.– Kristallsystem: trigonal.– Habitus: massig, körnig oder faserig; Rhomboeder oder Prismen sind selten.– Farbe: weiß, durch Eisenverunreinigungen auch gelblich und bräunlich.– Strich: weiß.– Spaltbarkeit: nach dem Rhomboeder.– Bruch: muschelig.– Härte: 3,5–4,5.– Dichte: 3,0.– Glanz: glasartig.– Diagnostisch: löslich in warmer, nicht in kalter Salzsäure; ähnlich Calcit, jedoch etwas härter und dichter.– Vorkommen: in metasomatischen Carbonaten, in Talkschiefern und Serpentiniten, wo carbonathaltiges Wasser mit magnesiumreichem Serpentinit reagierte.– Fundorte: große Lager im Ural, in Kalifornien, Washington, Tirol, Kärnten, Polen, Mandschurei, Indien. (K)

Dolomit. Formel: $CaMg(CO_3)_2$.– Kristallsystem: trigonal.– Habitus: Rhomboeder mit gekrümmten Flächen; körnig, massig.– Farbe: weiß, oft bräunlich.– Strich: weiß.– Spaltbarkeit: nach dem Rhomboeder.– Bruch: uneben, muschelig.– Härte: 3,5–4.– Dichte: 2,8–2,9.– Glanz: glas-, perlmuttartig.– Diagnostisch: die gekrümmten Rhomboederflächen, sehr langsame Reaktion mit verdünnter Salzsäure im Unterschied zu Calcit.– Vorkommen: hydrothermal, metasomatisch in Kalksteinen durch Mg-reiche Lösungen.– Fundorte: sehr verbreitet; schöne Kristalle aus dem Salzburger Land, Binnental (Schweiz), Freiberg (Sachsen), Wölsendorf (Oberpfalz), Brosso (Italien), Cornwall, Cumbria. Ferner in Jugoslawien, USA, Mexiko und Brasilien. (K, JHF)

Smithsonit (Zinkspat). Formel: $ZnCO_3$.– Kristallsystem: trigonal.– Habitus: nierig, traubig, selten Rhomboeder; auch stalaktitische und krustenförmige Massen.– Farbe: grau, weiß, braun, grün, blau.– Strich: weiß.– Spaltbarkeit: nach dem Rhomboeder.– Bruch: uneben.– Härte: 5,5.– Dichte: 4,3–4,5.– Glanz: glasartig.– Diagnostisch: reagiert sprudelnd mit kalter Salzsäure, wobei CO_2 entweicht; hohe Dichte, nieriger Habitus.– Vorkommen: in der Oxidationszone von Zinkerzkörpern, in manchen hydrothermalen Gängen und metasomatisch in Kalksteinen.– Fundorte: in vielen Zink-/Bleilagerstätten; schöne Kristalle aus Colorado, Arizona und Arkansas, der UdSSR, Bolivien, Brasilien, Türkei, Erzberg (Steiermark), Italien, Frankreich und Tsumeb (Namibia). (K)

Rhodochrosit (Manganspat). Formel: $MnCO_3$.– Kristallsystem: trigonal.– Habitus: meist körnig, massig, rhombische Kristalle mitunter gekrümmt.– Farbe: typisch in blaßrosa bis kräftigrosa, auch hellbraun, grau.– Strich: weiß.– Spaltbarkeit: nach dem Rhomboeder.– Bruch: uneben.– Härte: 3,5–4,5.– Dichte: 3,3–3,7.– Glanz: glasartig.– Diagnostisch: Farbe, braust in kalter Salzsäure.– Vorkommen: in hydrothermalen Gängen mit Cu-, Pb- und Ag-Sulfiden.– Fundorte: sehr schöne Kristalle aus Colorado, Rumänien, Freiberg (Sachsen), Hotazel (Südafrika), Tschiatura (Georgien), Argentinien, Mexiko und Italien. (CP)

Dolomit-Rhomben. Dolomit tritt oft mit anderen hydrothermalen oder metasomatischen Mineralen auf; in dieser Stufe in Form gekrümmter Rhomben mit zwei Hämatit-Varietäten, als roter ‚Glaskopf' sowie als schwarzer Spekularit.

Malachit
Azurit
Malachit
Pseudomalachit
Malachit
Cerussit
Malachit
Witherit

Malachit. Formel: $Cu_2CO_3(OH)_2$.– Kristallsystem: monoklin.– Habitus: typisch als gebänderte traubig-nierige Massen, nadelige Kristalle selten.– Farbe: grün.– Strich: hellgrün.– Spaltbarkeit: vollkommen.– Bruch: uneben, splittrig.– Härte: 3,5–4.– Dichte: 4,0.– Glanz: Kristalle diamanten, Bruchflächen traubiger Massen seidig.– Diagnostisch: braust mit verdünnter Salzsäure, Farbe, traubiger Habitus.– Vorkommen: oft in der Oxidationszone von Kupfererzen, zerstreut in Sandsteinen durch Grundwasserströme.– Fundorte: häufiges Kupfermineral, große Vorkommen in Shaba (Zaire), Sambia, Otavi (Namibia), Zimbabwe, im Ural und in Sibirien; des weiteren in Australien, Utah, Arizona, Chessy (Frankreich), Rumänien, Siegerland, Saarland, Lahn-Dill-Gebiet, Harz, Elba. (K, CP)

Pseudomalachit. Formel: $Cu_5[(OH)_2/PO_4]_2$.– Kristallsystem: monoklin.– Habitus: Kristalle selten, in Massen oder Aggregaten.– Farbe: smaragdgrün.– Strich: dunkelgrün.– Spaltbarkeit: vollkommen in eine Richtung.– Bruch: uneben, splittrig.– Härte: 4,5–5.– Dichte: 4,4.– Glanz: glasig.– Diagnostisch: Farbe, löslich in Salzsäure.– Vorkommen: begleitet Malachit.– Fundorte: ähnlich Malachit, besonders Collier Bay (Australien), Cornwall, Pennsylvania. (L)

Cerussit. Formel: $PbCO_3$.– Kristallsystem: orthorhombisch.– Habitus: strahlig angeordnete Prismen; auch massig und körnig.– Farbe: grau, weiß.– Strich: weiß.– Spaltbarkeit: schlecht, nach dem Prisma.– Bruch: muschelig, spröde.– Härte: 3–3,5.– Dichte: 6,5.– Glanz: diamanten.– Diagnostisch: hohe Dichte, Glanz, löslich in Salpetersäure (Anglesit nicht).– Vorkommen: sekundär in der Oxidationszone von Bleierzen.– Fundorte: weitverbreitet; schöne Kristalle aus Neumexiko, Colorado und Pennsylvania, Tsumeb (Namibia), Mechernich, Friedrichssegen, Jugoslawien, CSFR, Broken Hill (Australien), Kasachstan, Sardinien, Italien. (K)

Witherit. Formel: $BaCO_3$.– Kristallsystem: orthorhombisch.– Habitus: pseudohexagonale Kristalle, verzwillingt; auch massig oder traubig.– Farbe: weiß, grau, gelblich.– Strich: weiß.– Spaltbarkeit: mäßig.– Bruch: uneben.– Härte: 3,5.– Dichte: 4,3.– Glanz: glas-, harzartig.– Diagnostisch: braust mit kalter Salzsäure auf, hohe Dichte (giftig!).– Vorkommen: in hydrothermalen Gängen mit Galenit und Baryt.– Fundorte: Illinois, Kalifornien, Sibirien, Sardinien, England. (K)

Malachit und Azurit

Aurichalcit

Artinit

prismatischer Cerussit

Azurit. Formel: $Cu_3(CO_3)_2(OH)_2$.– Kristallsystem: monoklin.– Habitus: oft massig, Kristalle prismatisch, in strahligen Aggregaten.– Farbe: dunkelblau.– Strich: hellblau.– Spaltbarkeit: mäßig nach dem Prisma.– Bruch: spröde, muschelig.– Härte: 3,5–4.– Dichte: 3,8.– Glanz: glasartig.– Diagnostisch: Farbe; löslich in verdünnten Säuren.– Vorkommen: Sekundärmineral der Oxidationszone von Kupfererzen, oft mit Malachit.– Fundorte: Chessy (Frankreich), Tsumeb (Namibia), Laurium (Griechenland), Australien, Chile, Sibirien, Iran, Mexiko, Arizona. Auch in Tirol, in Mechernich. (K, C)

Artinit. Formel: $Mg_2(CO_3)(OH)_2 \cdot 3\ H_2O$.– Kristallsystem: monoklin.– Habitus: nadelig; runde Aggregate.– Farbe: grau, weiß.– Strich: weiß.– Spaltbarkeit: vollkommen.– Bruch: uneben.– Härte: 2.– Dichte: 2,0.– Glanz: seidig.– Diagnostisch: Habitus, Härte, braust in verdünnter Salzsäure.– Vorkommen: in hydrothermalen Gängen, in serpentinisierten Ultrabasiten.– Fundorte: New Jersey, New York, Italien, Jugoslawien, Steiermark. (C)

Aurichalcit (Messingblüte). Formel: $(Zn,Cu)_5(CO_3)_2(OH)_6$.– Kristallsystem: monoklin.– Habitus: in Krusten und Knollen; nadelig.– Farbe: blasses Blaugrün.– Strich: weiß.– Spaltbarkeit: vollkommen, dünne Blättchen.– Bruch: uneben.– Härte: 2–2,5.– Dichte: 4,2.– Glanz: perlmutt-, glasartig.– Diagnostisch: sehr weich, Farbe, relativ hohe Dichte .– Vorkommen: zusammen mit Cu- und Zn-Sulfiden, meist in der Oxidationszone von Gangerzen.– Fundorte: Leadhills (Schottland), Chessy (Frankreich), Laurium (Griechenland), Italien, Tsumeb (Namibia), Utah, Neu-Mexiko. (CP)

Malachit und Azurit kommen oft zusammen vor, wie in dieser Stufe aus dem Atlas-Gebirge. Chemisch sehr ähnlich, unterscheidet sich Malachit vom tiefblauen Azurit durch seine flaschengrüne Färbung. (C)

Halit (Steinsalz)
Halit
Halit
Sylvin
Halit
Sylvin
Halit
Kryolith
Carnallit

Beispiele für die Vielfalt des Fluorits

Halit (Steinsalz). Formel: NaCl.– Kristallsystem: kubisch.– Habitus: Würfel, oft als sog. ‚Sargdeckel' ausgebildet; auch massig und körnig.– Farbe: farblos, weiß, gelb, rot, grau und blau.– Strich: weiß.– Spaltbarkeit: nach dem Würfel.– Bruch: uneben.– Härte: 2,5.– Dichte: 2,2.– Glanz: glasig.– Diagnostisch: salziger Geschmack, wasserlöslich, Spaltbarkeit.– Vorkommen: Evaporitmineral, in Eindampfungsgebieten, zusammen mit Dolomiten und Tonen.– Fundorte: große Lagerstätten in Utah, Texas, Louisiana, Staßfurt, Berchtesgaden, Hallein (Österreich), Polen, Spanien, Sibirien, China. (K)

Sylvin. Formel: KCl.– Kristallsystem: kubisch.– Habitus: Würfel, Oktaeder; auch massig.– Farbe: weiß, grau, blaßrosa.– Strich: weiß.– Spaltbarkeit: nach dem Würfel.– Bruch: uneben.– Härte: 2.– Dichte: 2,0.– Glanz: glasig.– Diagnostisch: bitterer Geschmack.– Vorkommen: als Evaporitmineral mit Halit, jedoch seltener, da leichter löslich.– Fundorte: ähnlich denen des Halits, daneben Neu-Mexiko, Ukraine und Saskatchewan. (K)

Kryolith. Formel: Na_3AlF_6.– Kristallsystem: monoklin.– Habitus: massig, körnig; pseudokubische Kristalle sehr selten.– Farbe: weiß, braun, rötlich, auch schwarz.– Strich: weiß.– Spaltbarkeit: keine.– Bruch: uneben.– Härte: 2,5.– Dichte: 3,0.– Glanz: glas-, fettartig.– Diagnostisch: wird wegen desselben Brechungsindex' im Wasser unsichtbar.– Vorkommen: in granitischen Pegmatiten, mit Galenit, Quarz und Fluorit.– Fundorte: seltenes Mineral, Hauptfundort ist Ivigtut in Grönland. Auch in Colorado, Montreal, Nigeria, Ural. (K)

Carnallit. Formel: $KMgCl_3 \cdot 6\,H_2O$.– Kristallsystem: orthorhombisch.– Habitus: massig, körnig, Kristalle selten.– Farbe: weiß, rötlichbraun.– Strich: weiß.– Spaltbarkeit: keine.– Bruch: muschelig.– Härte: 2.– Dichte: 1,6.– Glanz: fettartig.– Diagnostisch: wasserlöslich, löst sich an der Luft auf; bitterer Geschmack.– Vorkommen: Evaporitmineral, tritt zusammen mit Halit, Sylvin und anderen Salzen auf.– Fundorte: ähnlich denen anderer Evaporite; Texas, Neu-Mexiko, Staßfurt, Iran, China, Solikamsk (UdSSR) und England. (CP)

Fluorit (Flußspat). Formel: CaF_2.– Kristallsystem: kubisch.– Habitus: Würfel häufig, auch Rhombendodekaeder und Oktaeder; verzwillingte Würfel. Tritt auch lagig und konkretionär auf.– Farbe: große Farbvielfalt von violett, blau, grün, gelb, rot, weiß, farblos-durchsichtig, sogar gelegentlich schwarz.– Strich: weiß.– Spaltbarkeit: vollkommen nach dem Oktaeder mit dem Effekt von dreieckigen Flächen durch die Ecken würfelförmiger Kristalle.– Bruch: muschelig, uneben.– Härte: 4 (Kennmineral der Mohs-Skala).– Dichte: 3,3.– Glanz: glasartig.– Diagnostisch: Würfelform, oktaedrische Spaltbarkeit, besonders bei violetten und grünen Exemplaren. Blau-violett gestreifter Flußspat (‚Blue John') wird als Schmuckstein zu ornamentalischen Kunstwerken verarbeitet.– Vorkommen: in hydrothermalen Gängen mit Galenit, Sphalerit, Baryt, Quarz, Calcit und anderen, in Pegmatiten, in Graniten, als Zement in klastischen Sedimenten.– Fundorte: außerordentlich weit verbreitet; sehr schöne Kristalle aus Illinois, Kentucky, Ohio, New Hampshire, Ontario, Mexiko; Harz, Wolfach, und Freiberg (Sachsen); Grimsel und Fellital (Schweiz), Bozen (Italien), Kongsberg (Norwegen), Großbritannien (Derbyshire, Cumbria, Cornwall, Schottland), Cera (Brasilien), UdSSR. (K, CP, JMC)

Calcit
Stalaktit
Aragonit
Calcit
Calcit
isländischer Doppelspat
Stalagmit
Calcit
Nagelkopf-Calcit

Atacamit. Formel: $Cu_2Cl(OH)_3$.– Kristallsystem: orthorhombisch.– Habitus: dünne Prismen, nadelig, strahlige Aggregate; konkretionär.– Farbe: grün.– Strich: grün.– Spaltbarkeit: vollkommen.– Bruch: muschelig.– Härte: 3–3,5.– Dichte: 3,8.– Glanz: glasartig.– Diagnostisch: Farbe und Habitus.– Vorkommen: in der Oxidations- und Zementationszone von Kupfererzen.– Fundorte: Atacama (Chile), Peru, Bolivien, Mexiko, Australien, Namibia, Arizona, Utah, Kasachstan, Ural, Italien, Cornwall. (L)

Calcit (Kalkspat). Formel: $CaCO_3$.– Kristallsystem: trigonal.– Habitus: größte Formenvielfalt aller bekannten Minerale, oft auch Zwillingsbildung; prismatischer, tafeliger, skalenoedrischer und rhoboedrischer Habitus sind häufig; ‚Nagelkopf'-Kristalle sind Kombinationen aus Prismen und Rhomboedern, ‚Hundszahn'-Kristalle solche aus Prismen und Skalenoedern. Ferner derbe, körnige, stalaktitische und faserige Massen.– Farbe: weiße und farblose Kristalle am häufigsten, jedoch auch grüne, gelbe, graue, rosa, rote und braune Varietäten.– Strich: weiß.– Spaltbarkeit: vollkommen nach dem Rhomboeder.– Bruch: muschelig (schwer zu erkennen).– Härte: 3 (Kennmineral der Mohs-Skala).– Dichte: 2,7.– Glanz: glas- bis perlmuttartig.– Diagnostisch: braust in kalter verdünnter Salzsäure unter Abgabe von CO_2 auf; sehr typisch die Spaltbarkeit; klare Spaltrhomboeder erzeugen mit freiem Auge sichtbare Doppelbrechung (Isländischer Doppelspat), d.h. über ein Objekt gelegt erscheint dieses doppelt.– Vorkommen: sehr verbreitetes sedimentäres Mineral. In hydrothermalen Gängen zusammen mit Baryt, Fluorit und Sulfiden; Kalkstein und metamorpher Marmor bestehen zu hohem Anteil aus Calcit. Aus stark kalkhaltigen Grundwässern fällt in unterirdischen Höhlen Calcit aus und bildet Tropfsteinformen (Stalaktiten, Stalagmiten). Ferner Bestandteil von Evaporiten und im Umfeld heißer Quellen. Auch magmatisch in den sog. Carbonatiten (Kaiserstuhl).– Fundorte: weltweit; schöne Kristalle aus dem Harz, Erzgebirge, Bleiberg (Kärnten), Schweiz, Kapnik (Ungarn), Rhisnes (Belgien), Fontainebleau (Frankreich), Großbritannien, Island, Connecticut, New Jersey, Michigan, Kansas, Missouri, Oklahoma, New York, Arizona, Indiana, Idaho; Guanajuato, Naica, Chihuahua (Mexiko), Tsumeb, Grootgontein (Namibia). (K, CP)

Aragonit. Formel: $CaCO_3$.– Kristallsystem: orthorhombisch.– Habitus: pseudohexagonale Zwillinge sind häufiger als unverzwillingte Prismen, die oft nadelig sind. Auch in korallenartigen, stalaktitischen und faserigen Formen.– Farbe: weiß, grau, rosa, blaßgelb, grün, blau, rot und farblos.– Strich: weiß.– Spaltbarkeit: schlecht, nach dem Prisma.– Bruch: muschelig.– Härte: 3,5–4.– Dichte: 2,9.– Glanz: glasartig.– Diagnostisch: braust in verdünnter kalter Salzsäure auf; härter und dichter als Calcit, keine rhomboedrische Spaltbarkeit.– Vorkommen: viel seltener als Calcit; in Evaporiten, im Umfeld heißer Quellen; selten in Glaukophanschiefern; manchmal in der Oxidationszone von Erzkörpern.– Fundorte: schöne Kristalle aus Molina de Aragon (Spanien), Bastennes (Frankreich), Bilina (CSFR), Dognacska (Ungarn), Salzburger Land, Erzberg (Österreich), Tarnowitz (Polen), Agrigento (Sizilien), Arizona, Neu-Mexiko. (K)

Atacamit

Strontianit

Calcit

Aragonit

Strontianit. Formel: $SrCO_3$.– Kristallsystem: orthorhombisch.– Habitus: gebündelte, garbenförmige Kristallnadeln, auch massig, körnig.– Farbe: weiß, blaßgrün, grau, gelb, rosa.– Strich: weiß.– Spaltbarkeit: gut, nach dem Prisma.– Bruch: uneben.– Härte: 3,5–4.– Dichte: 3,7.– Glanz: glasartig.– Diagnostisch: löslich in verdünnter Salzsäure; hohe Dichte.– Vorkommen: in hydrothermalen Gängen.– Fundorte: Strontian, Alston Moor, Hexham und Weardale (England), Kalifornien, Illinois, Westfalen, im Harz, im Salzburger Land, Braunsdorf (DDR) und Italien. (C)

Aragonit. Diese zwei Kristalle zeigen sehr schön den pseudohexagonalen Habitus. Fundort Aragon, Spanien. (C)

Calcit. Ein Kristall mit skalenoedrischem Habitus. (C)

Borax

Barytocalcit

Borax. Formel: $Na_2B_4O_7 \cdot 10\ H_2O$.– Kristallsystem: monoklin.– Habitus: kurze Prismen; massig.– Farbe: weiß, gelblich.– Strich: weiß.– Spaltbarkeit: vollkommen, nach dem Prisma.– Bruch: muschelig.– Härte: 2–2,5.– Dichte: 1,7.– Glanz: fettartig, matt.– Diagnostisch: wasserlöslich.– Vorkommen: in Evaporiten.– Fundorte: in vielen Salzseen der Erde (Kalifornien, Chile, Tibet, Kaschmir). (C)

Barytocalcit. Formel: $BaCO_3 \cdot CaCO_3$.– Kristallsystem: monoklin.– Habitus: prismatisch.– Farbe: weiß bis gelblichbraun.– Strich: weiß.– Spaltbarkeit: nach dem Prisma.– Bruch: uneben.– Härte: 4.– Dichte: 3,6.– Glanz: harz-, glasartig.– Vorkommen: in hydrothermalen Gängen.– Fundorte: Bleierzgänge in Nordengland. (C)

Coelestin. Formel: $SrSO_4$.– Kristallsystem: orthorhombisch.– Habitus: prismatische und tafelige Kristalle; massig, körnig.– Farbe: farblos, weiß, oder gelblich, rötlich und blaßblau.– Strich: weiß.– Spaltbarkeit: vollkommen zur Basis.– Bruch: uneben.– Härte: 3–3,5.– Dichte: 3,9.– Glanz: glasartig.– Diagnostisch: ähnlich Baryt, aber leichter.– Vorkommen: in hydrothermalen Gängen, in Hohlräumen von Vulkaniten; in Evaporiten mit Anhydrit und in Dolomiten.– Fundorte: Westfalen, Biel (Schweiz), Bristol (England), Agrigento (Sizilien), Italien, Bleiberg (Kärnten), Ohio, Utah, Texas. (K)

Baryt (Schwerspat). Formel: $BaSO_4$.– Kristallsystem: orthorhombisch.– Habitus: Tafeln, Prismen; aber auch Lamellen, Fasern, aufgewachsene Kämme und Wüstenrosen.– Farbe: farblos, weiß, braun, rot, blau, grün.– Strich: weiß.– Spaltbarkeit: zur Basis, zum Prisma.– Bruch: uneben.– Härte: 2,5–3,5.– Dichte: 4,5.– Glanz: glasartig.– Diagnostisch: sehr hohe Dichte, Habitus.– Vorkommen: häufig in hydrothermalen Gängen zusammen mit Sulfiden, Fluorit, Calcit, Quarz und Dolomit; in Kalksteinen als Verdrängungsmineral, in Sandsteinen als Zement.– Fundorte: sehr verbreitet; Bleiberg, Huttenberg, Schwaz (Österreich), Meggen, Harz, Schwarzwald, Odenwald, Freiberg (Sachsen), Schweiz, Bologna (Italien), Pribram (CSFR), England, USA. (K)

Ulexit

Colemanit. Formel: $Ca_2B_6O_{11} \cdot 5\ H_2O$.– Kristallsystem: monoklin.– Habitus: kurze Prismen; massig, körnig.– Farbe: weiß, rosa, rot, grau, gelblich.– Strich: weiß.– Spaltbarkeit: eine vollkommene.– Bruch: uneben.– Härte: 4–4,5.– Dichte: 2,4.– Glanz: glasartig.– Vorkommen: in Sedimenthohlräumen, in Evaporitbecken, im Umfeld von Thermalquellen.– Fundorte: Kalifornien, Chile, Argentinien, Kasachstan, Türkei. (K)

Ulexit. Formel: $NaCaB_5O_9 \cdot 8\ H_2O$.– Kristallsystem: triklin.– Habitus: schwammige, rundliche oder faserige Massen.– Farbe: weiß.– Strich: weiß.– Spaltbarkeit: vollkommen (nur im Mikroskop sichtbar).– Bruch: uneben.– Härte: 1–1,5.– Dichte: 2,0.– Glanz: seidig.– Diagnostisch: Habitus, geringe Härte, löslich in warmem Wasser.– Vorkommen: in Evaporiten mit Borax und Colemanit.– Fundorte: Peru, Argentinien, Chile, Mojave-Wüste (USA), Larderello (Italien). (C)

Gips. Formel: $CaSO_4$.– Kristallsystem: monoklin.– Habitus: tafelig, Kristalle oft als Schwalbenschwanzzwillinge. Klare Exemplare heißen *Selenit*; auch als sandhaltige Wüstenrosen ausgebildet. Die faserige Form nennt man *Seidenspat*, körnige, wachsartige Massen werden als *Alabaster* zu Kunstwerken verarbeitet. Auch in strahligen Aggregaten.– Farbe: weiß, farblos, rosa, braun, grau und gelb.– Strich: weiß.– Spaltbarkeit: drei Spaltflächen, eine liefert sehr dünne, aber spröde Blättchen.– Bruch: uneben.– Härte: 2 (Kennmineral der Mohs-Skala).– Dichte: 2,3.– Glanz: glasartig, Spaltflächen mit Perlmuttglanz.– Diagnostisch: sehr weich, mit Fingernagel ritzbar.– Vorkommen: in Evaporiten, mit Halit und Carnallit. Auch als Ausfällung heißer Quellen; in Tonschichten als Selenit.– Fundorte: weit verbreitet; große Gipsvorkommen in den Salzlagerstätten (Deutschland, USA, UdSSR). Schöne Kristalle vom Montmartre (Frankreich), Agrigento (Sizilien), Arzberg, Oberfranken und Demmelswald, Chihuahua (Mexiko), Utah. Wüstenrosen aus Neu-Mexiko, Arizona, Tunesien, Marokko. Wirtschaftlich wird Gips in der UdSSR, den USA, Kanada, England, Spanien, Italien und Deutschland abgebaut. (C)

Anhydrit. Formel: $CaSO_4$.– Kristallsystem: orthorhombisch.– Habitus: massig, körnig, Kristalle selten.– Farbe: weiß, farblos, auch blau oder grau.– Strich: weiß.– Spaltbarkeit: gut, nach den drei Pinakoiden.– Bruch: uneben.– Härte: 3–3,5.– Dichte: 2,9.– Glanz: glas-, perlmuttartig.– Diagnostisch: in Spaltbarkeit und Härte vom Gips unterscheidbar.– Vorkommen: in Evaporiten, als Dehydrationsprodukt des Gipses. Oft im Gipshut von Salzstöcken, selten in hydrothermalen Gängen.– Fundorte: wie andere Evaporitminerale. (TM)

Polyhalit. Formel: $K_2Ca_2Mg(SO_4)_4 \cdot 2\ H_2O$. Kristallsystem: triklin.– Habitus: blättrige, faserige Massen.– Farbe: rötlich, rosa.– Strich: weiß.– Spaltbarkeit: nach dem Pinakoid.– Bruch: uneben.– Härte: 2,5–3.– Dichte: 2,7.– Glanz: harz-, seidenartig.– Diagnostisch: bitterer Geschmack, faserig-rötliches Erscheinungsbild.– Vorkommen: in Evaporiten.– Fundorte: wie viele andere Evaporite. (TM)

Linarit

Glauberit

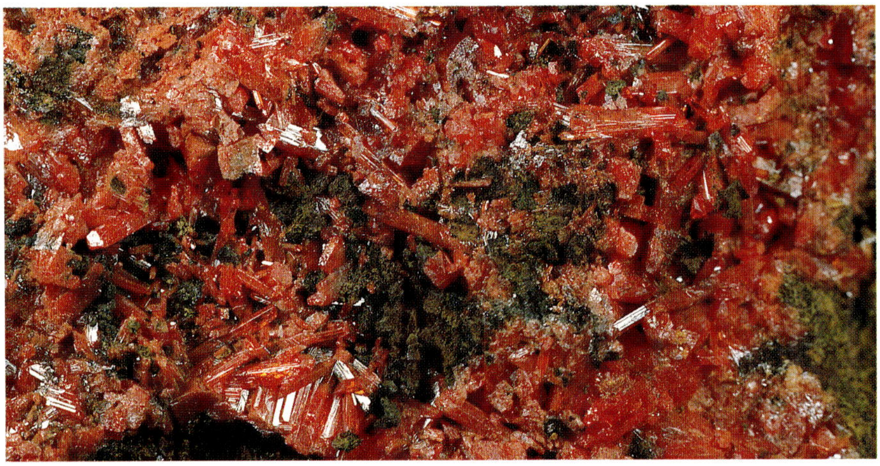

Krokoit

Dioptas

Almandin

Glauberit. Formel: $Na_2SO_4 \cdot CaSO_4$.– Kristallsystem: monoklin.– Habitus: tafelig, prismatisch, dipyramidal.– Farbe: grau, gelblich, rotbraun.– Strich: weiß.– Spaltbarkeit: vollkommen, zur Basis.– Bruch: muschelig.– Härte: 2,5–3.– Dichte: 2,8.– Glanz: glas-, fettartig.– Vorkommen: in Evaporiten.– Fundorte: Italien, Sizilien, Lothringen, Ebro-Gebiet, Salzburger Land, Ruthenia (UdSSR), Neu-Mexiko, Kalifornien, Arizona, Texas. (C)

Linarit. Formel: $(Pb,Cu)_2SO_4(OH)_2$.– Kristallsystem: monoklin.– Habitus: Prismen, Nadeln oder Tafeln.– Farbe: tiefes Azurblau.– Strich: hellblau.– Spaltbarkeit: vollkommen.– Bruch: uneben.– Härte: 2,5.– Dichte: 5,4.– Glanz: glasartig.– Diagnostisch: Farbe.– Vorkommen: in der Oxidationszone von Cu- und Pb-Erzkörpern.– Fundorte: Arizona, Utah, Kalifornien, Argentinien, Linares (Spanien), Sardinien, Namibia, England. (C)

Krokoit. Formel: $PbCrO_4$.– Kristallsystem: monoklin.– Habitus: Prismen, oft in nadeligen Massen; massig, körnig.– Farbe: rötlichorange bis braun.– Strich: gelblich.– Spaltbarkeit: schwach, nach dem Prisma.– Bruch: uneben, spröde.– Härte: 2,5–3.– Dichte: 5,9–6,0.– Glanz: glasartig.– Diagnostisch: Farbe, hohe Dichte.– Vorkommen: in der Oxidationszone von Bleierzen.– Fundorte: Nontron (Frankreich), Pennsylvania, Dundas (Tasmanien), Goyabeira (Brasilien), Ural, Labo (Philippinen). (C)

Almandin. Dunkle Fe/Al-Granatart; dieses Handstück aus Norwegen zeigt sie in muskovitführendem Glimmerschiefer. (C)

Olivin. Formel: $(Mg,Fe)_2SiO_4$. Der Name Olivin bezeichnet einen Mischkristall aus den beiden Endgliedern Forsterit Mg_2SiO_4 und Fayalit Fe_2SiO_4. Je nach Fe-Gehalt ändern sich einige Olivineigenschaften (Dichte, Schmelzpunkt). Forsterit in Edelsteinqualität heißt *Peridot*.– Kristallsystem: orthorhombisch.– Habitus: Kristalle selten, massig, körnig.– Farbe: olivgrün, braun, gelb.– Strich: farblos.– Spaltbarkeit: schlecht.– Bruch: muschelig.– Härte: 6,5–7.– Dichte: 3,2–4,3.– Glanz: glasartig.– Diagnostisch: Härte, Farbe, Habitus.– Vorkommen: Meist als Forsterit Hauptmineral basischer und ultrabasischer Magmatite (z.B. Basalt, Gabbro, Peridotit); Dunit besteht fast nur aus Olivin. Forsterit findet sich auch in metamorphen Dolomiten. Fayalit ist viel seltener und ist Bestandteil saurer, rasch erstarrter Magmatite (z.B. Pechstein, Rhyolith). Olivin fand man auch in Mondbasalten, während nickelreiche Forsterite zum Bestand von Meteoriten gehören.– Fundorte: weitverbreitet; Basalt ist das häufigste Vulkangestein und bedeckt die Ozeanböden. Edelsteinolivin kommt aus Birma, Sri Lanka, Ägypten, Arizona, vom Vesuv, aus dem Ural. (K, CP)

Granat. Formel: allgemein $A_3B_2Si_3O_{12}$. Für A stehen Ca, Mn, Mg oder Fe, für B gewöhnlich Al, aber auch Cr oder Fe. Dadurch kommen in der Natur eine Reihe unterschiedlicher Granatarten vor: *Pyrop*, $Mg_3Al_2Si_3O_{12}$, blutrot, oft dunkel; *Almandin*, $Fe_3Al_2Si_3O_{12}$, dunkelrotbraun, purpur bis schwarz; *Spessartin*, $Mn_3Al_2Si_3O_{12}$, gelblichorange; *Grossular*, $Ca_3Al_2Si_3O_{12}$, farblos, grünlich, gelb, rot; *Hessonit* ist eine orangerote Varietät; *Andradit*, $Ca_3Fe_2Si_3O_{12}$, grün (= Demantoid), braun, schwarz (= Melanit); *Uwarowit*, $Ca_3Cr_2Si_3O_{12}$, smaragdgrün, selten.– Kristallsystem: kubisch.– Habitus: gut ausgebildete Kristalle häufig; Rhombendodekaeder und Trapezoeder sowie komplexere Formen; auch massig, körnig.– Strich: weiß/grau.– Spaltbarkeit: keine.– Bruch: uneben, muschelig, spröde.– Härte: 6,5–7,5.– Dichte: 3,5–4,3 je nach Chemismus.– Glanz: glas-, harzartig.– Diagnostisch: sehr hart, schöne Kristallformen; Farbe und Dichte helfen beim Unterscheiden der Granate; genauere Identifizierung nur über chemische Analyse.– Vorkommen: in vielen Metamorphiten, in einigen Magmatiten wie kristalline Schiefer, Gneis, Marmor bzw. Pegmatite, Serpentinite und Peridotite. Ferner seifenartig in Strandsanden (verwitterungsbeständig).– Fundorte: weitverbreitet und häufig; schöne Kristalle in Zermatt, Binnental, Valais, Graubünden, Ticino (Schweiz), Hohe und Niedere Tauern, Auerbach, Aschaffenburg, Wurlitz, Bilina (CSFR), Nishnij-Tagil (Ural), Norditalien, Finnland, Schottland, Quebec, Chihuahua (Mexiko), USA, Tansania, Kenia, Australien, Grönland. (K, CP, C)

Dioptas. Formel: $CuSi_2(OH)_2$.– Kristallsystem: trigonal.– Habitus: gedrungene Prismen; massig.– Farbe: smaragdgrün.– Strich: grün.– Spaltbarkeit: vollkommen, nach dem Rhomboeder.– Bruch: uneben, muschelig.– Härte: 5.– Dichte: 3,3.– Glanz: glasartig.– Diagnostisch: Farbe, Härte.– Vorkommen: in der Oxidationszone von Cu-Erzen.– Fundorte: Kristalle aus Tsumeb (Namibia), Mindonli (Zaire), Copiapo, Atacama (Chile), Arizona, Kasachstan. (C)

Andradit. Die grüne Varietät des Andradits heißt Demantoid, hier als Ansammlung von Zwillingen.

Andradit (Granat)

Disthen

Turmalin

Disthen

Granit mit Turmalinen

Turmalin

Topas

Chiastolith

Disthen (Cyanit). Formel: Al_2SiO_5.– Kristallsystem: triklin.– Habitus: dünne, tafelige Kristalle; strahlige Aggregate .– Farbe: weiß, hellblau, grau, grünlich.– Strich: weiß.– Spaltbarkeit: vollkommen.– Bruch: uneben.– Härte: längs der Spaltfläche 4–5, quer 6–7.– Dichte: 3,6.– Glanz: glas-, perlmuttartig.– Diagnostisch: Habitus, Farbe, richtungsabhängige Härte.– Vorkommen: in mittel- bis hochgradig metamorphen Schiefern und Gneisen; in Pegmatiten dieser Gesteine.– Fundorte: weitverbreitet; schöne Kristalle aus dem Zillertal, Tessin, Morbihan (Frankreich), Musso, Passiria (Italien), Serbien, dem Schottischen Hochland, Tansania, Machakos (Kenia), Minas Gerais (Brasilien), Sri Lanka, Indien, Australien, USA. (K, CP)

Turmalin. Formel: $Na(Mg,Fe,Li,Mn,Al)_3 Al_6(BO_3)_3Si_6O_{18}(OH,F)_4$.– Kristallsystem: trigonal.– Habitus: prismatisch, massig.– Farbe: schwarz oder dunkelblau; auch grün, rosa, farblos; oft an einem Ende rosa, am andern grün.– Strich: weiß, farblos.– Spaltbarkeit: schlecht.– Bruch: uneben, muschelig.– Härte: 7.– Dichte: 2,9–3,2.– Glanz: glasartig.– Diagnostisch: Farbenspiel, Habitus (Längsstreifung).– Vorkommen: in Graniten, Pegmatiten und Greisen; in manchen Gneisen und Schiefern; in Sedimenten (Seifen).– Fundorte: schöne Kristalle in Spittal (Kärnten), Nordjugoslawien, Kragero (Norwegen), Cumbria, Devon (England), Schottland, Elba, Ural, Madagaskar, Mosambik, Nepal, Sri Lanka, Minas Gerais (Brasilien), Mexiko, Westaustralien, USA. (K, CP)

Topas. Formel: $Al_2SiO_4(OH,F)_2$.– Kristallsystem: orthorhombisch.– Habitus: Prismen, massig, körnig.– Farbe: gelblich, grünlich, blau oder rötlichbraun.– Strich: weiß.– Spaltbarkeit: vollkommen nach der Basis.– Bruch: muschelig, uneben.– Härte: 8 (Kennmineral der Mohs-Skala).– Dichte: 3,6.– Glanz: glasartig.– Vorkommen: in Greisen, Pegmatiten, Graniten und Rhyolithen.– Fundorte: riesige Kristalle aus Minas Gerais (Brasilien); ferner Sachsen, Elba, Cornwall, Omi (Japan), Klein Spits Kopje (Südwestafrika), Kalifornien, Utah, Colorado, Ukraine, Ural. (L)

Hemimorphit. Formel: $Zn_4Si_2O_7(OH)_2 \cdot H_2O$.– Kristallsystem: orthorhombisch.– Habitus: tafelig, oft auch faserig oder traubig.– Farbe: weiß, blau, braun, grün, gelb, farblos.– Strich: weiß.– Spaltbarkeit: nach dem Prisma.– Bruch: muschelig, uneben.– Härte: 4,5–5.– Dichte: 3,5.– Glanz: glasartig.– Vorkommen: Oxidationszone von Zinkerzen.– Fundorte: verbreitet; schöne Kristalle aus Sachsen, Sardinien, Belgien, Österreich, England, Algerien, Madagaskar, Mexiko, New Jersey, Missouri, Pennsylvania, Kasachstan. (L)

Staurolith. Formel: $Fe_2Al_9Si_4O_{22}(OH)_2$.– Kristallsystem: monoklin, auch orthorhombisch.– Habitus: gedrungene Prismen; massig.– Farbe: braun, schwarz.– Strich: grau.– Spaltbarkeit: schlecht.– Bruch: uneben.– Härte: 7–7,5.– Dichte: 3,7.– Glanz: harz-, glasartig.– Diagnostisch: oft zu kreuzförmigen Zwillingen verwachsen.– Vorkommen: in mittelgradigen Metamorphiten; in Seifen.– Fundorte: weitverbreitet; Ötztaler Alpen, Steiermark, Ticino (Schweiz), Aschaffenburg, Sterzing (Südtirol). (L)

Vesuvian (Idokras). Formel: $Ca_{10}Mg_2Al_4(SiO_4)_5(Si_2O_7)_2(OH)_4$.– Kristallsystem: tetragonal.– Habitus: Prismen; massig, körnig.– Farbe: dunkelgrün, braun.– Strich: weiß.– Spaltbarkeit: schlecht.– Bruch: muschelig, spröde.– Härte: 6–7.– Dichte: 3,3–3,4.– Glanz: harz-, glasartig.– Vorkommen: kontaktmetamorph in mergeligen Kalken.– Fundorte: Vesuv, Monte Somma (Italien), Zermatt, Ural, Arenal (Norwegen), Kalifornien, Schottland. (C)

Andalusit, Chiastolith. Formel: Al_2SiO_5.– Kristallsystem: orthorhombisch.– Habitus: kurze, im Querschnitt quadratische Prismen. Chiastolith mit schwarzen (organischen), kreuzförmigen Einschlüssen.– Farbe: rot, rosa, braun, grün, grau.– Strich: weiß.– Spaltbarkeit: nach dem Prisma.– Bruch: uneben.– Härte: 6,5–7,5.– Dichte: 3,2.– Glanz: glasartig.– Diagnostisch: Habitus.– Vorkommen: niedriggradige Metamorphose.– Fundorte: weitverbreitet; Andalusien, Minas Gerais (Brasilien), Kalifornien, Pennsylvania, Bimbowrie (Australien), Senus-Bugu (UdSSR), Gefrees (Franken). (C)

Hemimorphit

Staurolith

Vesuvian

Cordierit
Beryll
Nephelin
Klinozoisit
Stilbit
Sodalith
Sodalith
Lazurit

Smaragde

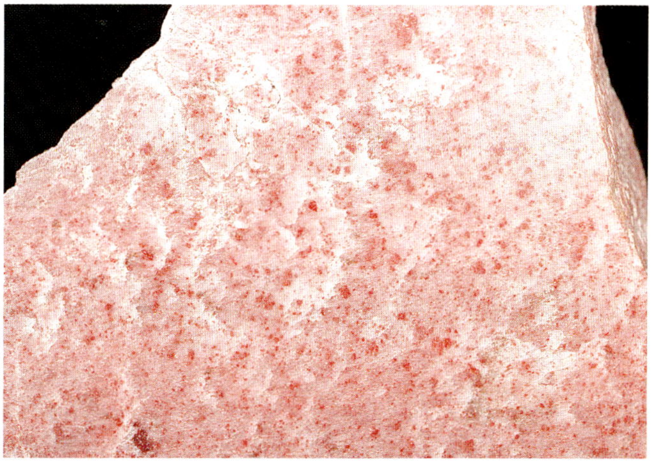

Thulit

Epidot

Beryll. Formel: $Be_3Al_2Si_6O_{18}$.– Kristallsystem: hexagonal.– Habitus: prismatisch, mitunter riesige Kristalle (über 100 t schwer); massig.– Farbe: blaßgrau, grünlich; Beryll tritt in Edelsteinqualität auf, als grüner *Smaragd*, gelber *Heliodor*, blauer *Aquamarin* und rosa *Morganit*.– Strich: weiß.– Spaltbarkeit: unvollkommen zur Basis.– Bruch: muschelig, uneben.– Härte: 7,5–8.– Dichte: 2,6–2,9.– Glanz: glas- harzartig.– Diagnostisch: hohe Härte, Habitus.– Vorkommen: in Graniten, Pegmatiten, Glimmerschiefer, Gneisen; in alluvialen Sedimenten aufgrund seiner Härte.– Fundorte: Österreich, Italien, Schweiz, Sibirien, Südafrika, Simbabwe, Madagaskar, Indien, USA, Japan; Smaragde aus Kolumbien, auch aus dem Zillertal. (K)

Cordierit. Formel: $(Mg,Fe)_2Al_4Si_5O_{18}$.– Kristallsystem: orthorhombisch.– Habitus: gedrungene pseudohexagonale Kristalle, massig, körnig. Farbe: grau, dunkelblau. Strich: farblos.– Spaltbarkeit: schlecht.– Bruch: muschelig, uneben.– Härte: 7–7,5.– Dichte: 2,6–2,8.– Glanz: glasartig.– Diagnostisch: hohe Härte, Farbe, Habitus.– Vorkommen: niedriggradige Kontakt- und Regionalmetamorphose (Glimmerschiefer, Gneis, Hornfels).– Fundorte: weitverbreitet, aber schöne Kristalle sehr selten; Bayerischer Wald, Skandinavien, Indien, Brasilien, Kanada, USA. (K)

Klinozoisit (Epidotgruppe). Formel: $Ca_2Al_3Si_3O_{12}(OH)$.– Kristallsystem: monoklin.– Habitus: Prismen; derbe, körnige, faserige Massen.– Farbe: grau, grünlich, rosa.– Strich: weiß.– Spaltbarkeit: vollkommen (längs).– Bruch: uneben.– Härte: 6–7.– Dichte: 3,2–3,4.– Glanz: glasartig.– Vorkommen: in niedrig- bis mittelgradigen Metamorphiten, in kontaktmetamorphen Kalken.– Fundorte: Bern, Guttanen (Schweiz), Hohe Tauern, Untersulzbachtal, Val di Fassa, Elba (Italien), Dauphiné, Arendal (Norwegen), Alaska, Kalifornien, Mexiko, Mosambik. (K)

Nephelin. Formel: $NaAlSiO_4$.– Kristallsystem: hexagonal.– Habitus: Prismen; körnig.– Farbe: weiß, grau, rötlich, grünlich, braun.– Strich: weiß.– Spaltbarkeit: schlecht, zur Basis.– Bruch: muschelig.– Härte: 5,5–6.– Dichte: 2,6.– Glanz: glas-, fettartig.– Diagnostisch: Fettglanz.– Vorkommen: intermediäre Magmatite, z.B. Syenit, Phonolith.– Fundorte: weitverbreitet; Halbinsel Kola (UdSSR), Vesuv, Südafrika. (K)

Stilbit. Formel: $NaCa_2(Al_5Si_{13})O_{36} \cdot 14\ H_2O$. Kristallsystem: monoklin.– Habitus: in strahligen oder garbenartigen Aggregaten.– Farbe: weiß, rötlich, gelblich.– Strich: weiß.– Spaltbarkeit: vollkommen.– Bruch: uneben.– Härte: 3,5–4.– Dichte: 2,1.– Glanz: glasartig, Spaltflächen perlmuttartig.– Diagnostisch: Habitus, Glanz.– Vorkommen: Hohlräume im Basalt, in Metamorphiten, in Gängen.– Fundorte: Elba, Rio Grande do Sul (Brasilien), Island, New Jersey, Neuschottland (Kanada), Poona (Indien), Skye (Schottland). (K)

Sodalith. Formel: $Na_8Al_6Si_6O_{24}Cl_2$.– Kristallsystem: kubisch.– Habitus: meist körnig, selten Rhombendodekaeder.– Farbe: azurblau, grünlich, gelb, weiß.– Strich: farblos.– Spaltbarkeit: vollkommen.– Bruch: muschelig, uneben.– Härte: 5,5–6.– Dichte: 2,2.– Glanz: glasartig.– Diagnostisch: Farbe.– Vorkommen: in Alkalimagmatiten (z.B. Nephelinsyenit), jedoch auch in SiO_2-untersättigten Laven.– Fundorte: Vesuv, Neapel, Viterbo (Italien), Birma, Bancroft (Kanada), Arkansas, Bolivien, Brasilien, UdSSR, Grönland, Rumänien, Portugal, Simbabwe. (JHF)

Lazurit. Formel: $(Na,Ca)_8(Al,Si)_{12}O_{24}(S,SO_4)$.– Kristallsystem: kubisch.– Habitus: Würfel selten, oft massig.– Farbe: azurblau.– Strich: bläulichweiß.– Spaltbarkeit: unvollkommen.– Bruch: uneben.– Härte: 5–5,5.– Dichte: 2,4.– Glanz: glasartig.– Diagnostisch: Farbe, oft mit Pyrit gesprenkelt.– Vorkommen: in Marmor, in Granulit. Lapislazuli ist ein lazuritreiches Gestein.– Fundorte: Baikalsee (Sibirien), Afghanistan, Birma, Italien, Pakistan, Labrador (Kanada), Colorado, Kalifornien. (K)

Smaragd. Zwei herrliche Kristalle der leuchtend grünen Edelsteinvarietät des Berylls, ca. 2 cm lang, in einer Gangart aus Quarz. Fundort Nordkolumbien. (L)

Epidot. Auf diesem Handstück ist ein prismatischer Kristall dieses monoklinen Minerals aufgewachsen. Epidot ist der Name einer Mineralgruppe, zu der etwa Klinozoisit und Zoisit gehören. (L)

Thulit (Zoisitvarietät). Formel: $Ca_2Al_3Si_3O_{12}(OH)$.– Kristallsystem: orthorhombisch.– Habitus: längliche Prismen; sonst massig.– Farbe: Thulit ist wegen seines Mangangehalts rosa bis rot; andere Zoisite sind grau und braun.– Strich: weiß.– Spaltbarkeit: vollkommen.– Bruch: uneben.– Härte: 6.– Dichte: 3,3.– Glanz: glasartig, auf Spaltflächen Perlmuttglanz.– Vorkommen: mittel- bis hochgradige Metamorphite (Schiefer, Gneis, Eklogit).– Fundorte: nicht selten in Mangan-reichen Gesteinen; Telemark (Norwegen), Bozen, Sondrio (Italien), Süd-Carolina (USA). Zoisit ist sehr weit verbreitet. (C)

Hornblende
Hornblende
Tremolit
Cummingtonit
Hornblende
Glaukophan
Aktinolith

Hornblende. Formel: $(Ca,Na)_{2-3}(Mg,Fe,Al)_5(Si,Al)_8O_{22}(OH)_2$.– Kristallsystem: monoklin.– Habitus: prismatisch, körnig, faserig.– Farbe: grün, schwarz.– Strich: grün/braun.– Spaltbarkeit: vollkommen, Spaltrißwinkel 124°.– Bruch: uneben.– Härte: 5–6.– Dichte: 3–3,4.– Glanz: glasartig.– Diagnostisch: Farbe, Spaltrißwinkel.– Vorkommen: in Magmatiten sehr häufig (Hornblendegranit, Granodiorit, Syenit, Gabbro); in Hornblendeschiefern und Amphiboliten.– Fundorte: weitverbreitet, sehr häufig. (K, CP)

Tremolit–Aktinolith. Formel: Mischkristallreihe aus Tremolit, $Ca_2Mg_5Si_8O_{22}(OH)_2$ und Aktinolith, $Ca_2(Mg,Fe)_5Si_8O_{22}(OH)_2$.– Kristallsystem: monoklin.– Habitus: dünne Prismen, strahlig oder faserig.– Farbe: grau, grün, auch rosa.– Strich: weiß.– Spaltbarkeit: vollkommen.– Bruch: uneben.– Härte: 5–6.– Dichte: 2,9–3,4.– Glanz: glasartig.– Diagnostisch: faseriger Habitus.– Vorkommen: Tremolit in kontaktmetamorphen Dolomiten und in Serpentiniten; Aktinolith in Schiefern und Amphiboliten, oft von basischem Ausgangsgestein.– Fundorte: verbreitet; schöne Kristalle aus dem Tessin, Campolongo (Schweiz), Norditalien, Zillertal, Ötztal, Baikalsee, Alaska, Wyoming, Kalifornien, Kanada, Neuseeland, Kuen Lun-Gebirge (China). (K, CP, L)

Cummingtonit. Formel: $(Fe,Mg)_7Si_8O_{22}(OH)_2$.– Kristallsystem: monoklin.– Habitus: faserige Massen.– Farbe: grau, grün, bräunlich.– Spaltbarkeit: vollkommen.– Bruch: uneben.– Härte: 5–6.– Dichte: 3,2–3,7.– Glanz: glas-, seidenartig.– Vorkommen: in kontakt- und regionalmetamorphen Gesteinen.– Fundorte: verbreitet; Typlokalität Cummington (Massachusetts). (K)

Glaucophan. Formel: $Na_2(Mg,Fe,Al)_5Si_8O_{22}(OH)_2$.– Kristallsystem: monoklin.– Habitus: faserig, nadelig.– Farbe: grau, blau, blauschwarz.– Spaltbarkeit: nach dem Prisma.– Bruch: uneben.– Härte: 6–6,5.– Dichte: 3–3,3.– Glanz: glasartig.– Vorkommen: in Tieftemperatur/Hochdruck-Metamorphiten.– Fundorte: schöne Kristalle aus Langesundfjord, Svalbard (Norwegen) Falun (Schweden), Wallis (Schweiz), Kalifornien, Aserbeidschan, Südafrika. (K)

Pektolith. Formel: $Ca_2NaHSi_3O_9$.– Kristallsystem: triklin.– Habitus: Nadeln, oft strahlig angeordnet.– Farbe: weiß, grau.– Strich: weiß.– Spaltbarkeit: vollkommen.– Bruch: uneben.– Härte: 4,5–5.– Dichte: 2,9.– Glanz: seiden-, glasartig.– Diagnostisch: Habitus, Härte.– Vorkommen: in Hohlräumen von Laven (Basalt), zusammen mit Zeolithen.– Fundorte: verbreitet; New Jersey, Quebec, Ontario, Kola (UdSSR), Antrim (Irland), CSFR, Trient (Italien). (C)

Neptunit. Formel: $Na_2KLi(Fe,Mn)_2Ti_2Si_8O_{24}$.– Kristallsystem: monoklin.– Habitus: prismatisch.– Farbe: schwarz.– Spaltbarkeit: vollkommen.– Bruch: uneben.– Härte: 5–6.– Dichte: 3,2.– Glanz: glasartig.– Diagnostisch: Farbe, Habitus.– Vorkommen: akzessorisch in untersättigten Plutoniten (Nephelinsyenit).– Fundorte: Kalifornien, Kola (UdSSR), Irland, Grönland. (C)

Pektolith

Tremolit

Neptunit

Diopsid

Hypersthen–Enstatit. Formel: $(Mg,Fe)SiO_3$ und $MgSiO_3$.– Kristallsystem: orthorhombisch.– Habitus: Prismen selten, meist massig, körnig.– Farbe: grünlichbraun.– Strich: weiß.– Spaltbarkeit: prismatisch.– Bruch: uneben.– Härte: 5–6.– Dichte: 3,1–4,0.– Glanz: glasartig.– Vorkommen: in basischen und ultrabasischen Plutoniten, einigen intermediären Vulkaniten; in Meteoriten.– Fundorte: weitverbreitet; Baikalsee, Cortland Komplex (USA). (K)

Augit. Formel: $(Ca,Mg,Fe,Ti)(Al,Si)_2O_6$.– Kristallsystem: monoklin.– Habitus: stumpfe Prismen.– Farbe: grünlich-schwarz.– Strich: grau-grün.– Spaltbarkeit: prismatisch; Spaltrißwinkel 87°.– Bruch: uneben.– Härte: 5–6,5.– Dichte: 3,2–3,6.– Glanz: glasartig.– Diagnostisch: Spaltrißwinkel, Habitus, Farbe.– Vorkommen: häufig in basischen und ultrabasischen Magmatiten (Basalt, Gabbro, Pyroxenit).– Fundorte: sehr verbreitet; schöne Exemplare im Bushveld-Pluton (Südafrika), Stillwater (USA) und im Skaergaard-Komplex (Grönland). (CP)

Diopsid. Formel: $CaMgSi_2O_6$.– Kristallsystem: monoklin.– Habitus: Prismen, meist aber körnig oder faserig.– Farbe: blasser grün als Augit, braun, gelblich.– Strich: hellgrau.– Spaltbarkeit: prismatisch, Spaltrisse wie Augit.– Bruch: uneben.– Härte: 5–6.– Dichte: 3,4.– Glanz: glasartig.– Vorkommen: in kontaktmetamorphen Mergelkalken, in Magmatiten.– Fundorte: weitverbreitet; Trient, Turin (Italien), Binnental (Schweiz), Zillertal, Vesuv, Finnland, Ural, Sala (Schweden), Neuseeland, Grönland, New York, Schottland. (C)

Hedenbergit. Formel: $CaFeSi_2O_6$.– Kristallsystem: monoklin.– Habitus: häufig in strahligen Aggregaten.– Farbe: dunkelgrau, schwarz.– Strich: bräunlich.– Spaltbarkeit: prismatisch.– Bruch: uneben.– Härte: 5–6.– Dichte: 3,6.– Glanz: glasartig.– Vorkommen: in kontaktmetamorphen Kalken, in Skarnen, in eisenreichen Sedimenten.– Fundorte: strahlige Aggregate von Cornwall, Kasachstan und Altai (UdSSR), Australien, Nigeria, Japan, Norwegen, Elba und Livorno (Italien). (K)

Spodumen. Formel: $LiAlSi_2O_6$.– Kristallsystem: monoklin.– Habitus: prismatisch.– Farbe: weiß, grau, gelblich, rosa (= *Kunzit*), grün (= *Hiddenit*).– Strich: weiß.– Spaltbarkeit: prismatisch.– Bruch: uneben.– Härte: 6,5–7.– Dichte: 3,2.– Glanz: glasartig.– Vorkommen: in Pegmatiten.– Fundorte: sehr große Kristalle (bis 13 m!) in Süd-Dakota, Manitoba (Kanada) und im Ural; schöner Kunzit aus San Diego (Kalifornien), Brasilien; Hiddenit aus Nord-Carolina und Brasilien, Madagaskar, Mexiko, Schweden, Schottland und Irland. (K)

Wollastonit. Formel: $CaSiO_3$.– Kristallsystem: triklin.– Habitus: tafelig, prismatisch; faserig und strahlig.– Farbe: grau, weiß.– Strich: weiß.– Spaltbarkeit: drei Spaltebenen.– Bruch: uneben.– Härte: 4,5–5.– Dichte: 2,8–3,1.– Glanz: glasartig.– Diagnostisch: Spaltbarkeit, HCl-löslich.– Vorkommen: in metamorphen Kalksilicatgesteinen.– Fundorte: weitverbreitet; schöne Kristalle vom Vesuv und Capo di Bove (Italien), Brittany (Frankreich), Schwarzwald, Rumänien, Kalifornien, New York, Mexiko. (K)

Rhodonit. Formel: $(Mn,Fe,Ca)SiO_3$.– Kristallsystem: triklin.– Habitus: massig, körnig; tafelige Kristalle selten.– Farbe: rosa, braun.– Strich: weiß.– Spaltbarkeit: prismatisch.– Bruch: uneben, sehr spröde.– Härte: 5,5–6,5.– Dichte: 3,4–3,7.– Glanz: glasartig.– Diagnostisch: ähnlich Rhodochrosit, aber härter.– Vorkommen: in hydrothermalen Gängen, in metamorphen, manganhaltigen Kalksteinen.– Fundorte: Broken Hill (Australien), Neuseeland, Schweden, Ural, New Jersey, Genua, Sondrio (Italien), Japan, Südafrika und Brasilien. (K)

Petalit. Formel: $LiAlSi_4O_{10}$.– Kristallsystem: monoklin.– Habitus: Tafeln selten, meist spätige Massen.– Farbe: grün, rötlich, weiß oder grau.– Strich: weiß .– Spaltbarkeit: eine vollkommene.– Bruch: muschelig.– Härte: 6–6,5.– Dichte: 2,4.– Glanz: glasartig, auf Spaltflächen perlmuttartig.– Vorkommen: in Pegmatiten mit Turmalin, Spodumen und Lepidolith.– Fundorte: wichtig sind Norwich, Massachusetts und Maine (USA), Varutrask (Schweden), Bickita (Simbabwe), Südafrika, Australien, Peru. (K)

Muskovit. Formel: $KAl_2(AlSi_3O_{10})(OH,F)_2$.– Kristallsystem: monoklin.– Habitus: tafelig, pseudohexagonaler Umriß; blättrig-schuppige Massen.– Farbe: silbrig, farblos, weiß, transparent.– Strich: weiß.– Spaltbarkeit: zur Basis in elastische, biegsame Blättchen.– Bruch: uneben.– Härte: 2,5–3.– Dichte: 2,8.– Glanz: glasartig.– Diagnostisch: Habitus, Spaltbarkeit, Farbe.– Vorkommen: in sauren Magmatiten, häufig in Pegmatiten und Graniten. Auch in kristallinen Schiefern, Gneisen und feinklastischen Sedimenten.– Fundorte: weitverbreitet; riesige Pegmatitmuskovite in Ontario; ein indischer Kristall mit 3 x 5 m wog 86 Tonnen. (K)

Biotit, Phlogopit. Formel: $K(Mg,Fe)_3AlSi_3O_{10}(OH,F)_2$ bzw. $KMg_3(AlSi_3)O_{10}(OH,F)_2$.– Kristallsystem: monoklin.– Habitus: tafelig, pseudohexagonaler Umriß, kleine Blättchen, blättrige Massen.– Farbe: dunkelbraun, schwarz bzw. bräunlich-gelb.– Strich: grau-weiß.– Spaltbarkeit: vollkommen zur Basis.– Bruch: uneben.– Härte: 2–3.– Dichte: 2,8–3,2.– Glanz: glasartig, verwitterte Spaltflächen metallisch.– Diagnostisch: Habitus, Farbe, Spaltbarkeit.– Vorkommen: in vielen Magmatiten, in Schiefern und Gneis.– Fundorte: sehr verbreitet; große Kristalle im Ural, Brasilien, Grönland, Eifel. (K, CP)

Lepidolith. Formel: $K(Al,Li)_3(Si,Al)_4O_{10}(OH,F)_2$.– Kristallsystem: monoklin.– Habitus: Blättchen; blättrige Massen.– Farbe: grau, rosa, lila.– Strich: weiß.– Spaltbarkeit: vollkommen.– Bruch: uneben.– Härte: 2,5–4.– Dichte: 2,8–2,9.– Glanz: glas-, perlmuttartig.– Diagnostisch: Farbe.– Vorkommen: in Graniten mit Spodumen und Turmalin.– Fundorte: riesige Funde in Minas Gerais (Brasilien) und Pala (Kalifornien); Connecticut, Neu-Mexiko, Süd-Dakota, Madagaskar, Simbabwe, Ural, Australien, Uto (Schweden), Japan. (K)

Chlorit. Formel: $(Mg,Fe,Al)_6(Si,Al)_4(OH)_8$.– Kristallsystem: monoklin.– Habitus: blättrig, pseudohexagonaler Umriß, massig.– Farbe: grün, braun, gelb.– Strich: blaßgrün, -braun.– Spaltbarkeit: vollkommen, in unelastische Blättchen.– Bruch: uneben.– Härte: 1,5–2,5.– Dichte: 2,5–3,2.– Glanz: glasartig.– Diagnostisch: Farbe, unelastische Blättchen.– Vorkommen: Verwitterungsprodukt vieler Silicate; auch in niedriggradigen Metamorphiten (Chloritschiefer, Phyllit).– Fundorte: weitverbreitet; große Kristalle in Ontario und New York. (K)

Kaolinit. Formel: $Al_2Si_2O_5(OH)_4$.– Kristallsystem: monoklin, triklin.– Habitus: massig, im Mikroskop pseudohexagonal.– Farbe: weiß, rosa, grau.– Strich: weiß.– Spaltbarkeit: vollkommen zur Basis.– Bruch: uneben.– Härte: 2–2,5.– Dichte: 2,5.– Glanz: wenn massig, matt; kleine Schüppchen perlmuttartig.– Vorkommen: Umwandlungsprodukt von Feldspäten durch Verwitterung oder hydrothermale Einwirkung.– Fundorte: überaus verbreitet und häufig; große Vorkommen in der Oberpfalz, Sachsen, Limoges (Frankreich), CSFR, Ukraine, Uralgebiet, Virginia, Georgia (USA), China, Cornwall. (C)

Kaolinit

Serpentin
Prehnit
Serpentin
Eudialyt
Talk
Chrysotil
Prehnit
Talk
Titanit

Pyrophyllit

Antigorit

Apophyllit

Serpentin. Formel: $Mg_3Si_2O_5(OH)_4$.– Kristallsystem: monoklin.– Habitus: feinschuppig (Antigorit) oder faserig (Chrysotil).– Farbe: braun, grün, grau, gelb, weiß, rot.– Spaltbarkeit: Antigorit basal, Chrysotil keine.– Bruch: muschelig.– Härte: 2,5–4.– Dichte: 2,5.– Glanz: perlmutt-, fett- oder seidenartig.– Diagnostisch: Farbe, Glanz.– Vorkommen: Umwandlungsprodukt von Olivin, Pyroxen und Amphibol.– Fundorte: weitverbreitet, häufig; gute Qualität aus Cornwall, Kemmleten (Schweiz), Bernstein (Österreich), New Jersey, Kalifornien, Arizona, Quebec, Ural, Südafrika, Simbabwe. (K)

Prehnit. Formel: $Ca_2Al_2Si_3O_{10}(OH)_2$.– Kristallsystem: orthorhombisch.– Habitus: nierig, faserig.– Farbe: gelblich, hellgrün.– Strich: weiß.– Spaltbarkeit: schlecht, zur Basis.– Bruch: uneben.– Härte: 6–6,5.– Dichte: 2,9.– Glanz: glasartig.– Diagnostisch: Farbe, Habitus.– Vorkommen: Kluftmineral in Magmatiten und kristallinen Schiefern.– Fundorte: Rheinpfalz, Dauphiné, Keeweenaw, Michigan, New Jersey, Oberer See, Virginia, Schottland, Südtirol. (K)

Talk. Formel: $Mg_3Si_4O_{10}(OH)_2$.– Kristallsystem: monoklin.– Habitus: tafelig, massig.– Farbe: helles Graugrün, weiß.– Strich: weiß.– Spaltbarkeit: vollkommen, zur Basis.– Bruch: uneben.– Härte: 1, Kennmineral der Mohs-Skala.– Dichte: 2,8.– Glanz: perlmuttartig, matt.– Diagnostisch: sehr weich, fühlt sich fettig an (Syn. Speckstein).– Vorkommen: Umwandlungsprodukt von Fe-Mg-Mineralen, in ultrabasischen Gesteinen, in Schiefern und Marmoren.– Fundorte: verbreitet; Fichtelgebirge, Kärnten, Zillertal, Norwegen, Italien, Indien, Australien, Japan, Südafrika, Kanada, USA. (K, CP)

Titanit (Sphen). Formel: $CaTiSiO_5$.– Kristallsystem: monoklin.– Habitus: massig, kurzprismatisch, tafelig.– Farbe: braun, grau, grünlich.– Strich: weiß.– Spaltbarkeit: nach dem Prisma.– Bruch: uneben.– Härte: 6–6,5.– Dichte: 3,5.– Glanz: diamanten, harzartig.– Diagnostisch: Habitus, Farbe, Glanz.– Vorkommen: akzessorisch in Syeniten und Dioriten, in metamorphen Carbonaten, in kristallinen Schiefern.– Fundorte: große Vorkommen auf Kola (UdSSR), Minas Gerais (Brasilien); Salzburger Land, Italien, Binnental (Schweiz), Ontario, New York, New Jersey, Mexiko, Südafrika, Japan. (K)

Eudialyt. Formel: $Na_4(Ca,Fe)_2ZrSi_6O_{17}(OH,Cl)_2$.– Kristallsystem: trigonal.– Habitus: tafelig, rhomboedrisch; massig.– Farbe: rosa, rötlich.– Strich: weiß.– Spaltbarkeit: schlecht, basal.– Bruch: uneben.– Härte: 5,5.– Dichte: 3,0.– Glanz: glasartig.– Diagnostisch: (Farbe).– Vorkommen: akzessorisch in Alkaligesteinen (Syenit).– Fundorte: Kola (UdSSR), Grönland, Südafrika, Japan, USA. (LW)

Pyrophillit. Formel: $Al_2Si_4O_{10}(OH)_2$.– Kristallsystem: monoklin.– Habitus: feinschuppige, strahlige Aggregate.– Farbe: grün, hellgelb, bräunlich.– Strich: weiß.– Spaltbarkeit: vollkommen, in biegsame Blättchen.– Bruch: uneben.– Härte: 1–2.– Dichte: 2,8.– Glanz: perlmuttartig.– Diagnostisch: sehr weich, fühlt sich fettig an.– Vorkommen: dichte Massen in kristallinen Schiefern, oft mit Talk, von dem er schwer zu unterscheiden ist.– Fundorte: Schottland, Finnland, Schweiz, Österreich, Sizilien, Südafrika, Eifel, USA, Ural (UdSSR). (C)

Apophyllit. Formel: $KCa_4F/Si_8O_{20} \cdot 8\,H_2O$.– Kristallsystem: tetragonal.– Habitus: vielfältig, u.a. Prismen, Oktaeder, Pseudokuben, Dipyramiden.– Farbe: weiß, gelb, grau, grün, rosa.– Strich: weiß.– Spaltbarkeit: Prisma schwach, Basis sehr gut.– Bruch: uneben.– Härte: 4,5–5.– Dichte: 2,4.– Glanz: glasartig, auf Spaltflächen perlmuttartig.– Diagnostisch: Perlmuttglanz auf den Spaltflächen, basale Flächen können rauh sein.– Vorkommen: hydrothermale Gänge, mit Zeolithen in blasigen Lavahohlräumen.– Fundorte: Schottland, Island, Färöer, Grönland, Bozen (Italien), Andreasberg, Neuschottland (Kanada), Oberer See, New Jersey, Brasilien, Poona (Indien). (C)

Antigorit ist die feinschuppige Varietät des Serpentins. (L)

Zirkon

Zirkon. Formel: $ZrSiO_4$.– Kristallsystem: tetragonal.– Habitus: kurze Prismen mit beidseitig pyramidalen Spitzen; körnig.– Farbe: braun, rot, grau, grün, gelb.– Strich: weiß.– Spaltbarkeit: schwach, nach dem Prisma.– Bruch: muschelig.– Härte: 7,5.– Dichte: 4,5–4,7.– Glanz: glasartig.– Diagnostisch: Härte, Dichte.– Vorkommen: akzessorisch in vielen Magmatiten, in kristallinen Schiefern und Gneisen; als runde Körner in Seifen.– Fundorte: verbreitet; große Kristalle in Maine (USA), Renfrew (Kanada), Norwegen, Schweden, Australien, Ural. Seifenzirkon kommt in Florida, Brasilien, Sri Lanka und im Ural vor. (C)

Plagioklase. Formel: $NaAlSi_3O_8$–$CaAl_2Si_2O_8$. Die Plagioklase bilden eine Mischkristallreihe zwischen dem natriumreichen *Albit* und dem calciumreichen *Anorthit*. Dazwischen existieren mit 80% Na / 20% Ca der *Oligoklas*, mit 60% Na / 40% Ca der *Andesin*, mit 40% Na / 60% Ca der *Labradorit* und mit 20% Na / 80% Ca der *Bytownit*. Die Bestimmung der einzelnen Arten ist nur mit mikroskopischen Methoden am Dünnschliff möglich.– Kristallsystem: triklin.– Habitus: prismatisch, tafelig, auch massig.– Farbe: weiß, grau, grünlich, selten rosa; Labradorit zeigt blaue und grüne Schillereigenschaften.– Strich: weiß.– Spaltbarkeit: zwei Spaltebenen.– Bruch: uneben.– Härte: 6–6,5.– Dichte: 2,6–2,75, je nach Calciumgehalt.– Glanz: glasartig.– Diagnostisch: Mehrfachzwillinge, am besten auf Spaltflächen zu sehen.– Vorkommen: häufigste Mineralfamilie, in vielen Magmatiten wird der Anorthitgehalt zur Gesteinsklassifizierung verwendet; natriumreicher Plagioklas tritt in sauren Gesteinen auf (Granit), während calciumreicher Plagioklas mehr in basischen und ultrabasischen Gesteinen (Basalt, Gabbro) zu finden ist. Ferner in Metamorphiten, in Mondbasalten und in Sedimentgesteinen.– Fundorte: weltweit verbreitet; große Kristalle aus Labrador und Japan. (K, JHF, CP)

Orthoklas (Kalifeldspat). Formel: $KAlSi_3O_8$.– Kristallsystem: monoklin.– Habitus: prismatisch, tafelig.– Farbe: weiß, grau, rosa, grün (*Amazonit*).– Strich: weiß.– Spaltbarkeit: zwei, sehr vollkommen.– Bruch: muschelig, uneben.– Härte: 6.– Dichte: 2,6.– Glanz: glasartig, auf Spaltflächen Perlmuttglanz.– Diagnostisch: gegenüber Plagioklas nur Einfachzwillinge; oft rosa, Amazonit typisch grün.– Varietäten: *Mikroklin* ist ein trikliner Orthoklas mit Lamellengitterung aufgrund polysynthetischer Zwillingsbildung, die aber nur im Mikroskop sichtbar ist. *Adular* ist die Tieftemperaturform. Natriumhaltiger *Anorthoklas* hat die Formel $(Na,K)AlSi_3O_8$.– Vorkommen: in vielen Magmatiten (Granit, saure Pegmatite) häufig; in Metamorphiten; in Sandsteinen als Detritus.– Fundorte: weitverbreitet; Hagendorf, Bodenmais (Bayerischer Wald), gelber Orthoklas aus Madagaskar, blaue Kristalle vom Baikalsee (Sibirien), große helle Kristalle aus der Tokyo-Bucht (Japan); ferner Zillertal, Binnental (Schweiz), Italien, Spanien. (K, BS)

Amazonit
Amazonit
Mikroklin
Orthoklas
Orthoklas
Orthoklas
Anorthoklas
Adular

Chabasit

Analcim

Natrolith

Harmotom

Zeolithe sind Silicate mit reichlich Kristallwasser im Gitter. Sie treten häufig in den Hohlräumen von Vulkaniten sowie in hydrothermal entstandenen Gesteinskörpern (z.B. in Gängen) auf. Fünf Beispiele sind im folgenden abgebildet und beschrieben.

Analcim. Formel: $NaAlSi_2O_6 \cdot 6\ H_2O$.– Kristallsystem: kubisch.– Habitus: oft schöne Ikositetraeder, Würfel; massig, körnig.– Farbe: weiß.– Strich: weiß.– Spaltbarkeit: keine.– Bruch: muschelig.– Härte: 5,5.– Dichte: 2,3.– Glanz: glasartig.– Diagnostisch: färbt Flamme gelb.– Vorkommen: mit anderen Zeolithen in Hohlräumen magmatischer Gesteine, in Sandsteinen.– Fundorte: verbreitet; schöne Exemplare aus Sizilien, Südtirol, Harz; Colorado, Michigan und New Jersey; Australien, Tasmanien, Kanada, Island, Schottland. (C)

Chabasit. Formel: $(Ca,Na_2)Al_2Si_4O_{12} \cdot 6\ H_2O$.– Kristallsystem: trigonal.– Habitus: pseudokubische Rhomboeder.– Farbe: weiß, rot, grünlich.– Strich: weiß.– Spaltbarkeit: nach dem Rhomboeder.– Bruch: uneben.– Härte: 4,5.– Dichte: 2,0.– Glanz: glasartig.– Diagnostisch: Habitus, löslich in Salzsäure.– Vorkommen: mit anderen Zeolithen in Basalthohlräumen.– Fundorte: Sardinien, Italien, CSFR, Neuschottland (Kanada), New Jersey (USA), Schottland, Irland, Färöer, Vogelsberg, Westerwald. (C)

Natrolith. Formel: $Na_2Al_2Si_3O_{10} \cdot 2\ H_2O$.– Kristallsystem: orthorhombisch.– Habitus: nadelige, strahlige Aggregate.– Farbe: weiß.– Strich: weiß.– Spaltbarkeit: vollkommen, nach dem Prisma.– Bruch: uneben.– Härte: 5.– Dichte: 2,3.– Glanz: glasartig.– Diagnostisch: Habitus, schmilzt in der Flamme, färbt diese gelb.– Vorkommen: in magmatischen Hohlräumen.– Fundorte: Britisch Columbia, Neuschottland, Asbestos (Quebec), Kalifornien, New Jersey, Brasilien, Italien, Frankreich, Island, Irland, Schottland; Hohentwiel, Hessen. (L)

Harmotom. Formel: $BaAl_2Si_6O_{16} \cdot 6\ H_2O$.– Kristallsystem: monoklin.– Habitus: Durch-

Autunit

Autunit auf Granit

kreuzungszwillinge häufig.– Farbe: weiß, grau, braun, gelb.– Strich: weiß.– Spaltbarkeit: eine Spaltebene.– Bruch: uneben.– Härte: 4,5.– Dichte: 2,5.– Glanz: glasartig.– Vorkommen: in Erzgängen, mit anderen Zeolithen in Hohlräumen von Basalten.– Fundorte: Argyll (Schottland), St. Andreasberg, Bayerischer Wald. (C)

Heulandit. Formel: $(Na,Ca)_{4-6}Al_6(Al,Si)_4Si_{26}O_{72} \cdot 24\ H_2O$.– Kristallsystem: triklin.– Habitus: tafelig, blättrige Aggregate.– Farbe: weiß, gelb, rosa, braun, grün.– Strich: weiß.– Spaltbarkeit: vollkommen, in einer Richtung.– Bruch: uneben.– Härte: 3,5–4.– Dichte: 2,2.– Glanz: glas-, perlmuttartig.– Diagnostisch: bildet pseudomonokline Kristalle.– Vorkommen: mit anderen Zeolithen in Basalthohlräumen.– Fundorte: verbreitet; schöne Kristalle aus Island, Neuschottland, Hawaii, Norwegen, Italien, Indien und aus dem Harz. (C)

Torbernit. Formel: $Cu(UO_2)_2(PO_4)_2 \cdot 8\text{–}12\ H_2O$.– Kristallsystem: tetragonal.– Habitus: tafelig, oft mit quadratischem Umriß, blättrig, pulverig.– Farbe: smaragdgrün.– Strich: hellgrün.– Spaltbarkeit: vollkommen zur Basis.– Bruch: uneben.– Härte: 2,5.– Dichte: 3,3.– Glanz: perlmuttartig.– Diagnostisch: Farbe, Radioaktivität.– Vorkommen: in der Verwitterungszone von Kupfer-/Uranerzen; an der Luft Umwandlung zu Metatorbernit mit 8 Wassermolekülen.– Fundorte: verbreitet, aber selten; Mount Painter (Australien), Cornwall, Shinkolobwe (Zaire), Nord-Carolina, Kanada, Italien, Schwarzwald. (C)

Autunit. Formel: $Ca(UO_2)_2(PO_4)_2 \cdot 10\text{–}12\ H_2O$.– Kristallsystem: tetragonal.– Habitus: blättrig, quadratisch.– Farbe: leuchtend grün oder gelb.– Strich: gelb.– Spaltbarkeit: vollkommen zur Basis.– Bruch: uneben.– Härte: 2,5.– Dichte: 3,2.– Glanz: glas-, perlmuttartig.– Diagnostisch: Farbe, Radioaktivität.– Vorkommen: in der Verwitterungszone von Uranerzen.– Fundorte: Autun (Frankreich), Lurisia (Italien), Portugal, Washington, Colorado, Australien, Zaire. (C)

Torbernit

Heulandit

Pyromorphit
Warvellit
Türkis
Wolframit
Apatit
Chrysokoll
Wolframit
Apatit

Wulfenit

Vanadinit

Mimetesit

Adamit

Pyromorphit. Formel: $Pb_5(PO_4)_3Cl$.– Kristallsystem: hexagonal.– Habitus: kurzprismatisch, körnige, faserige Massen.– Farbe: braun, gelb, dunkelgrün.– Strich: gelblichweiß.– Spaltbarkeit: nach dem Prisma.– Bruch: uneben, muschelig .– Härte: 3,5–4.– Dichte: 6,5–7,1.– Glanz: harzartig.– Vorkommen: in der Oxidationszone von Bleierzen.– Fundorte: Bad Ems, Schwarzwald, Siegerland, Pribram (CSFR), UdSSR, Sardinien, Italien, Mexiko, Idaho, Pennsylvania, Broken Hill (Australien), Cornwall. (K)

Türkis. Formel: $CuAl_6(PO_4)_4(OH)_8 \cdot 5\ H_2O$.– Kristallsystem: triklin.– Habitus: Prismen selten, meist massige, knollige oder nierige Aggregate.– Farbe: hellblau, hellgrün.– Strich: blaßgrün oder weiß.– Spaltbarkeit: nach dem Prisma.– Bruch: muschelig.– Härte: 5–6.– Dichte: 2,8.– Glanz: wachsartig, Kristalle glasartig.– Diagnostisch: Farbe, Habitus.– Vorkommen: in stark umgewandelten Al-reichen magmatischen und sedimentären Gesteinen.– Fundorte: Sinai, Turkestan, Nischapur (Iran), Neu-Mexiko, Arizona, Nevada, Chuquicamata (Chile). (K)

Chrysokoll. Formel: $CuSiO_3 \cdot 2\ H_2O$ mit zahlreichen Spurenelementen.– Kristallsystem: monoklin.– Habitus: dünne Lagen und Krusten.– Farbe: blaugrau.– Strich: weiß .– Spaltbarkeit: keine.– Bruch: muschelig.– Härte: 2–4.– Dichte: 2,2.– Glanz: glasartig.– Diagnostisch: Farbe, Habitus; weicher als Türkis.– Vorkommen: in der Oxidationszone von Cu-Erzen.– Fundorte: Harz, Italien, Sibirien, Arizona, Neu-Mexiko, Chile, Marokko, Simbabwe, Australien, Cornwall. (K)

Apatit. Formel: $Ca_5(PO_4)_3(F,Cl,OH)$.– Kristallsystem: hexagonal.– Habitus: gedrungene Prismen, körnig, massig.– Farbe: grünlichgrau, gelb, braun, rot.– Strich: weiß.– Spaltbarkeit: schlecht, zur Basis.– Bruch: sehr spröde, uneben, muschelig.– Härte: 5 (Kennmineral der Mohs-Skala).– Dichte: 3,3.– Glanz: glas-, harzartig.– Diagnostisch: Härte, Habitus.– Vorkommen: akzessorisch in zahlreichen Magmatiten, häufig; in metamorphen Kalksteinen, in fossilen Knochen .– Fundorte: weitverbreitet; große Kristalle aus Ontario, Mexiko, Kola (UdSSR), Südafrika, Monte Somma (Italien), Brasilien, Birma, Portugal, Österreich, Florida, Tennessee. (S)

Wavellit. Formel: $Al_3(PO_4)_2(OH)_3 \cdot 5\ H_2O$.– Kristallsystem: orthorhombisch.– Habitus: in radialstrahligen, kugeligen Aggregaten.– Farbe: hellgrün, gelb, weiß.– Strich: weiß.– Spaltbarkeit: vollkommen, prismatisch.– Bruch: uneben.– Härte: 3,5–4.– Dichte: 2,4.– Glanz: glasartig.– Diagnostisch: Habitus.– Vorkommen: hydrothermal auf Klüften, in phosphatreichen Pegmatiten.– Fundorte: verbreitet; in Pennsylvania, Ouro Preto (Brasilien); Oberpfalz, Hessen und Sachsen. (S)

Wulfenit (Gelbbleierz). Formel: $PbMoO_4$.– Kristallsystem: tetragonal.– Habitus: tafelige Kristalle mit quadratischem Umriß.– Farbe: bräunlichgelb.– Strich: weiß.– Spaltbarkeit: pyramidal.– Bruch: muschelig.– Härte: 3.– Dichte: 7,0.– Glanz: diamanten, harzartig.– Vorkommen: sekundäres Mineral der Oxidationszone von blei- und molybdänhaltigen Gangerzen.– Fundorte: schöne Kristalle in Bleiberg (Kärnten), Mezica (Jugoslawien), Pribram (CSFR), Rezbanya (Rumänien), Tsumeb (Namibia) Arizona, Neu-Mexiko und Pennsylvania. (L)

Wolframit. Formel: $(Fe,Mn)WO_4$.– Kristallsystem: monoklin.– Habitus: Prismen und Tafeln selten; blättrige, strahlige Massen.– Farbe: dunkelbraun, schwarz.– Strich: dunkelbraun.– Spaltbarkeit: vollkommen, eine Spaltebene.– Bruch: uneben.– Härte: 5–5,5.– Dichte: 7,6.– Glanz: matt, metallisch.– Diagnostisch: Farbe, hohe Dichte.– Vorkommen: in hydrothermalen Gängen; in Greisen; in Seifen.– Fundorte: Erzgebirge, Cornwall, Portugal, Colorado, Bolivien, Birma (Flußseifen); riesige Lagerstätten in China. (K)

Mimetesit. Formel: $Pb_5(AsO_4)_3Cl$.– Kristallsystem: hexagonal.– Habitus: prismatisch.– Farbe: gelb, braun.– Strich: weiß.– Spaltbarkeit: keine.– Bruch: muschelig.– Härte: 3,5.– Dichte: 7,2.– Glanz: diamanten, harzartig.– Diagnostisch: hohe Dichte, Farbe.– Vorkommen: in der Oxidationszone von Bleierzen.– Fundorte: Pribram (CSFR), Freiberg (Sachsen), Cornwall, Tsumeb (Namibia); *Campylit*, eine tönnchenförmige Kristalle bildende Varietät kennt man aus Cumbria (England), den USA, Mexiko und Italien. (L)

Vanadinit. Formel: $Pb_5(VO_4)_3Cl$.– Kristallsystem: hexagonal.– Habitus: prismatische, innen oft hohle Kristalle; auch gerundet.– Farbe: rot, gelblich, braun.– Strich: gelblichweiß.– Spaltbarkeit: keine.– Bruch: muschelig.– Härte: 3.– Dichte: 7,1.– Glanz: harzartig, diamanten.– Diagnostisch: Farbe, hohe Dichte.– Vorkommen: in der Oxidationszone von Bleierzgängen.– Fundorte: hübsche Kristalle vom Obir (Kärnten), aus Arizona, Südafrika, Marokko, Argentinien, Mexiko. (C)

Adamit. Formel: $Zn_2AsO_4(OH)_2$.– Kristallsystem: orthorhombisch.– Habitus: häufig Aggregate aus kleinen Kristallen, traubige Massen.– Farbe: leuchtend grün, gelb, rosa.– Strich: weiß.– Spaltbarkeit: vollkommen.– Bruch: uneben.– Härte: 3,5.– Dichte: 4,5.– Glanz: glasartig.– Vorkommen: in der Verwitterungszone von Zinkerzen.– Fundorte: selten; schöne Stücke von Cap-Garonne (Frankreich), Laurium (Griechenland), Mexiko, Utah, Chile, Tsumeb (Namibia). (C)

Massenhaft auftretende Fossilien

Fossilien und ihre Entstehung

Fossilien sind die wichtigsten Zeugen von der Entwicklung der Lebewesen, sei es als eingeschlossenes Insekt in Bernstein, als Muschelabdruck in Kalkstein oder als Fußspur in einem Tonstein. Damit ein Fossil zu dem wird, was wir im Gestein vorfinden, müssen zum Zeitpunkt der Einbettung des toten Lebewesens in den Sedimentschlamm bestimmte chemische Gleichgewichtsbedingungen herrschen. Nur wenige Organismenkörper werden zu Fossilien, weshalb die Entwicklungsgeschichte der Lebewesen sehr lückenhaft ist.

Die Reste von Landlebewesen sind den Kräften von Verwitterung und Erosion ausgesetzt und haben daher nur wenig Chancen, unbeschadet konserviert zu werden. Weit günstiger sind die Bedingungen für Meeresbewohner, wo große Mengen feinkörniger Sedimente für eine rasche Einbettung sorgen. Natürlich haben jene Organismen mit einem Skelett oder einer Schale die besten Aussichten, fossilisiert zu werden. Daneben spielt auch die relative Häufigkeit einer Art eine Rolle, etwa wenn Mikroorganismenschalen ganze Gesteinskörper aufbauen (z.B. Foraminiferenkalke). Nur äußerst selten findet man auch Fossilien schalen- und skelettloser Organismen, so etwa im kambrischen Burgess-Schiefer von Britisch-Columbia (Kanada), in dem filigrane Abdrücke von Würmern und Gliedertieren in einer Serie von Tonschlammen erhalten worden sind, oder in den extrem feinkörnigen Solnhofener Plattenkalken (‚Lithographenschiefer') mit ihren herrlichen Abdrücken von Quallen, Insekten und Federn des Archäopteryx.

Komplette Tiere können konserviert werden, wie etwa die berühmten Funde an der Ostsee von in Bernstein eingeschlossenen Insekten, die einst in große Harztropfen von Nadelbäumen gerieten. Ähnlich ist das Einfrieren ganzer Mammuts im Permafrost Sibiriens zu sehen, oder die bekannten Moorleichen. Diese Beispiele sind jedoch Ausnahmen im Vergleich mit der Masse der anderen Fossilien, die vor dem Prozeß der Einbettung Veränderungen erfuhren.

Der Chemismus der Hartteile vieler Tiere ist so beschaffen, daß sie mit einer Reihe von Gesteinsarten der Erdkruste im Gleichgewicht existieren können. Calciumcarbonat gehört zum Baustoff der Schalen von Schalentieren und ist Bestandteil des Wirbeltierskeletts, während Silicium die Skelette der Radiolarien oder mancher Schwämme aufbaut. Außenskelette aus Chitin zeichnen die Anthropoden (Gliederfüßer) aus und sorgen für Fossilisierungschancen.

Der Vorgang der Versteinerung erfolgt durch den Austausch der organischen Substanz durch Minerale, die aus Lösungen, die in den Ablagerungen zirkulieren, ausfallen. Solche Lösungen sind in der Regel reich an Calcium, Silicium und Eisen, weshalb die Zemente, die die Fossilform ausgießen, aus Calcit, SiO_2 oder Eisenmineralen bestehen. Beispiele für typische Versteinerungen sind die pyritisierten Ammoniten verschiedener jurassischer Tone und Schiefertone oder die opalisierten Baumstümpfe Amerikas oder Australiens. Aber die in den fossilführenden Sedimenten zirkulierenden Lösungen ziehen nicht nur Mineralneubildungen nach sich. Oft lösen sie die Kalkschalen im Sediment auf und hinterlassen eine rundliche Höhlung im Gestein. Dieser Hohlraum kann später mit verschiedenen Mineralen wiederaufgefüllt werden, die schließlich die Oberflächenform des einstigen Organismus abbilden. Der Chemismus vieler Lebewesen drückt sich vor allem durch den hohen Kohlenstoffgehalt aus, und viele Fossilien, etwa Pflanzen, Fische oder Graptolithen, werden in Form eines dünnen schwarzen ‚Films' dieses Elements konserviert. Bekannt sind die sehr gut fossilisierten Blätter von Farnen und anderen Pflanzen des Karbons.

Schließlich gibt es noch Fossilien lediglich in Form von Spuren, also Fuß-, Fraß- oder Wohnspuren, also Zeugnisse, die auf die Lebensweise von Organismen hinweisen. Sie geben unter anderem Auskunft über Größe und Form des spurenverursachenden Lebewesens.

Benennung der Fossilien

Fossilien sind Überreste von Lebewesen; es liegt daher nahe, sie nach demselben Namenssystem zu ordnen wie ihre heutigen, lebenden Nachfahren aus dem Tier- und Pflanzenreich (der Mensch mit eingeschlossen). Es handelt sich dabei um die sogenannte *binäre Nomenklatur* nach Carl von Linné. Sie ist streng hierarchisch und faßt ähnliche Lebewesen zu Gruppen zusammen. Die größte Einheit ist das *Reich* (Tier-, Pflanzenreich), gefolgt von Stamm (z.B. Mollusca), Klasse (z.B. Cephalopoda), Ordnung (z.B. Ammonoidea), Familie (z.B. Perisphinctacea), Gattung (z.B. Parkinsonia) und Art (z.B. parkinsoni). Jedem Lebewesen wird mit Hilfe der beiden letzteren ein ‚Doppelname' aus Gattungs- und Artname verliehen; es kann damit genau bezeichnet werden. Während die Biologen bei morphologischen und systematischen Studien auf lebende Organismen zurückgreifen können und eine Vielzahl an Untersuchungen z.B. die Bestimmung einer neuen Art erleichtern, müssen sich die Paläontologen oft nur mit vagen Abdrücken im Gestein oder sehr unvollständigen Skeletten begnügen (besonders in der Hominidenforschung) und damit deren Identifizierung versuchen. Vielfältige ‚Fallen' tun sich auf;

Petrified Forest ('versteinerter Wald'), Arizona

so brachte die Natur einander sehr ähnlich sehende Wesen hervor, die aber stammesgeschichtlich miteinander nichts zu tun hatten; oder manche Arten haben einen ausgeprägten geschlechtlichen Dimorphismus, d.h. Männchen und Weibchen zeigen einen sehr unterschiedlichen Körperbau, der zur falschen Einstufung in zwei verschiedene Arten verleiten kann.

Massenhaft auftretende Fossilien in einem silurischen Kalkstein. Es sind Trilobiten, Bryozoen, Brachiopoden, Korallenstücke und Crinoiden des einstigen paläozoischen Meeresgrundes zu erkennen. (L)

Petrified Forest (versteinerter Wald). Dieses berühmte National Monument in Arizona enthält zahlreiche verkieselte und später opalisierte Bäume triassischen Alters, bei denen sogar noch die Jahresringe abgezählt werden können.

Fossilien und Stratigraphie

Die Evolutionsgeschichte kennt viele Arten, die nur für kurze Zeit existierten. Für die Paläontologie sind sie sehr wertvoll, da deren Fossilien oft nur auf eine einzige, meist sehr dünne Schicht begrenzt sind und diese damit zeitlich eindeutig kennzeichnen. Ein Wegbereiter dieser *Biostratigraphie* genannten Methode war der britische Bauingenieur William Smith. Durch seine Arbeit hatte er ständig mit künstlichen Aufschlüssen zu tun, insbesondere mit Schichten des Jura im südlichen England. Schnell hatte er herausgefunden, daß manche Schichten nur ganz bestimmte Fossilien, die sogenannten *Leitfossilien*, enthielten, und die während der Lebenszeit dieser Fossilien abgelagert worden waren. Er bestimmte einen Basisstapel mit bestimmtem, bekanntem Fossilinhalt und konnte ihn mit einem anderen Schichtenstapel mit analogem Fossilinhalt in einiger Entfernung korrelieren (= verknüpfen). Die heute gebräuchliche erdgeschichtliche Zeitskala (s. S. 9) fußt auf diesem Prinzip.

Damit eine Art zu einem Leitfossil wird, muß sie einer Reihe von Anforderungen genügen. Sie sollte möglichst kurz existiert haben, entsprechend einer geringen Dicke der sie enthaltenden Schicht. Ein Leitfossil von großer geograhischer Verbreitung er-

Fossiles Kliff

Fossilreiche Schichtfolgen des Jura

Schalen der Muschel Pseudopecten

laubt weiträumige Korrelationen, weshalb unter ihnen besonders die frei schwimmenden Tiere zu finden sind. Im allgemeinen eignen sich Organismen als Leitfossilien immer dann, wenn sie keine hohen Ansprüche an ihren natürlichen Lebensraum hatten und deshalb überregional in verschiedenen Bio- und Ökotopen auftraten. Dann sind sie in zahlreichen Sedimenten zu finden und gestatten weitreichende Korrelationen.

Fossiles Kliff mit Sandstein, Schieferton und Kalkstein karbonischen Alters. Es enthält viele Fossilien wie Mollusken und Pflanzen.

Fossilien und Evolution

Unsere Kenntnis über die Evolution der Arten gründet in hohem Maße auf deren fossilen Zeugen. Aus dem gefundenen Material wurde nicht nur eine umfassende Entwicklungs- und Abstammungstheorie abgeleitet, sondern auch eine detaillierte Entwicklung einzelner Gruppen. Die Evolution kann danach nicht als ein gleichmäßig sich vollziehender Prozeß, sondern muß als ein Zusammenspiel aus explosionsartig sich entwickelnder Arten und plötzlicher Faunenschnitte (= massenhaftes Aussterben vieler Arten) gesehen werden. Mutationen und Selektionen als Folge umweltbedingter Veränderungen darin sind als entscheidende Faktoren zu betrachten. Eine erstaunliche Mannigfaltigkeit an Lebensformen basiert oft auf einem zahlenmäßig schmalen Sockel an Ausgangsformen, und je weiter wir in die Erdgeschichte zurückblicken, umso mehr treffen wir auf Lebensformen, die mit den heutigen kaum noch etwas gemein haben. Die frühesten Lebensformen waren primitive Weichtiere, die nur in Ausnahmefällen fossilisiert wurden. Anders dagegen die Stromatolithen, kegelförmige Kalkausscheidungen von Algen, die in vielen Gesteinen, auch des Präkambriums, verbreitet sind. Zu Beginn des Kambriums setzt mit einem Mal eine wahre Flut an Fossilfunden ein, was auf eine Zeit hinweist, in der die Wirbellosen erstmals in der Lage waren, sich mit harten Schalen aus Carbonaten und Phosphaten zu schützen. Unser Wissen über Fossilien erstreckt sich folglich hauptsächlich vom Phanerozoikum bis in die Jetztzeit, während es über die Lebensformen des Präkambriums wohl immer spärlich bleiben wird.

Paläoökologie

Die einstigen Organismen nahmen es mit ihren damaligen Umweltbedingungen nicht anders als ihre gegenwärtigen Nachkommen. So gilt auch in der Paläoökologie der Grundsatz des Aktualismus (s. S. 34), wonach von den Bedingungen, wie sie in Ökosystemen heutiger Arten herrschen, auf jene der ausgestorbenen, fossil vorliegenden Arten geschlossen werden kann. Was wir an Erkenntnissen gegenwärtiger biologischer Systeme gewinnen, kann im Prinzip auch für die erdgeschichtlich vergangenen Systeme gelten. Allerdings mit einer Einschränkung: Je älter die Gesteine, auf die unser Augenmerk gerichtet ist, umso stärker dürften die damaligen Bedingungen von den heutigen abgewichen sein. Beispiel Atmosphäre: Vor etwa 400 Mill. Jahren war sie eine ganz andere, sie enthielt viel weniger von dem lebensspendenden Sauerstoff als die heutige. Die meisten Fossilien entstammen allerdings Tieren und Pflanzen des Lebensraums Meer. Und der überwiegende Teil an Sedimentgesteinen ist ebenfalls mariner Herkunft – für uns interessant als zu rekonstruierendes Paläoökosystem ist folglich das marine System. Im Meer variieren Salzgehalt, Temperatur, Wassertiefe, Lichtversorgung und Belüftung, und stellen damit unterschiedliche Bedingungen für die Lebewelt bereit. Manche Organismengruppen sind streng marin (z.B. die Echinodermata, viele Mollusca und die Brachiopoda); andere wie bestimmte Gastropoda und Bivalvia bevorzugen das Brackwasser; und wieder andere leben nur im Süßwasser. Pflanzliche Fossilreste können sehr präzise Informationen über ihr Environment, insbesondere über das herrschende Klima, geben. Marine Pflanzen bevorzugen meist den küstennahen, lichtdurchfluteten Flachwasserbereich, in dem Photosynthese möglich ist. Von ihnen hängen wiederum verschiedene Pflanzenfresser ab. Landpflanzen sind fossile Raritäten, die aber in Form von Pollen oder Blättern sehr wichtige klimatische Rekonstruktionen gestatten. Die Verwendung von Fossilien zur Rekonstruktion von Paläoenvironments und zur Bestimmung der einstige Breitenlage der Fundstücke galt lange als die Hauptbeweismethode für Kontinentaldrift. Gerade die vielen Funde tropischer Pflanzenreste in den Karbonsedimenten der Nordhemisphäre (jetzt in hoher geographischer Breite) weisen auf tropische Breitenlage dieser Fundorte während des Karbons hin.

Fossilien suchen und sammeln

Fossilfundstellen entnimmt der engagierte Sammler den einschlägigen Führer- und Bestimmungsbüchern. Karten mit Quartärbedeckung sind in der Regel nützlicher als jene ohne Bedeckung, da sie nicht nur die fossilführenden Festgesteine abbilden, sondern auch die von Fluß- und Gletschersedimenten überdeckten Gebiete darstellen. Küsten- und Binnenkliffs sowie natürliche und künstliche Aufschlüsse aller Art (Kiesgruben, Steinbrüche, Straßeneinschnitte) kommen als wichtigste Zugänge zu Fossilfundstätten in Betracht – wobei stets die Belange von Privatbesitz und Naturschutz vorab geklärt werden müssen. Sehr wichtig ist das Protokollieren der gesamten Suchtätigkeit, der Funde und des Fundorts sowie das genaue Beschriften der Handstücke. Wissenschaftliches Arbeiten verlangt darüber hinaus die genaue Zuordnung von Fundstück zu stratigraphischer Einheit. Aber selbst für Hobbysammler lohnt sich dieses genaue Protokoll, da sie ohne weiteres eines Tages z.B. von Museen, Universitäten oder Mineralienvereinen gebeten werden könnten, ihre Sammlung als Exponat zu verleihen. Auch sollte man unbekannte Funde lieber einem Paläontologen vorlegen, es könnte eine neue Spezies sein!

Beim Herausschlagen von Gesteinsproben und Zurechtklopfen von Handstücken sollte der Geologenhammer mit Bedacht eingesetzt werden. Wie bei anderen Naturhobbies auch sollten Eingriffe in die Natur minimiert werden. Als sinnvoller Ersatz für Fossilienhandstücke sind sicherlich gute Photos zu sehen; hochwertige Kameras, mit denen hervorragende Bilder gelingen, sind heute schon sehr preiswert zu erstehen.

Aufgeschlossene fossilreiche Schichtfolgen aus dem Jura mit Bivalven, Ammoniten, Brachiopoden und marinen Reptilien; Küstengebiet North Yorkshire, England.

Guterhaltene Schalen der Muschel Pseudopecten, hier auf der Schichtfläche eines Schiefertons aus dem südenglischen Jura.

Ketophyllum
Cyathophyllum
Favosites
Cyathophyllum
Cystiphyllum
Halysites
Mesophyllum

Stamm Cnidaria, Klasse Anthozoa

Diese Klasse umfaßt die Korallen und andere Gruppen wie die Pennatulacea (z.B. *Charniodiscus*). Zu den Unterklassen Rugosa, Tabulata und Zoantharia gehören alle wichtigen fossilen Korallen, wovon die Rugosa und Tabulata ausgestorben sind. Alle Gruppen sind marin und tauchen erstmals im Ordovizium auf. Korallenähnliche Fossilien kennen wir aber schon aus dem Kambrium oder der Zeit davor.

Der Grundbauplan der Korallenbauten besteht aus dem röhren- oder hornförmigen Exoskelett des Polypen (Corallit). Es hat die Form eines Kelches, in dessen Innenraum der Polyp wohnt und die Koralle aus Kalk abscheidet. Die Außenseite des Coralliten, der entweder als Einzelkoralle oder mit anderen verbunden als Kolonie existiert, kann glatt oder gerunzelt sein. Das Innere des Coralliten besteht aus einem Hohlraum, der entweder strukturlos ist oder durch vertikale, radial stehende Scheidewände, die Septen, bzw. durch horizontale Böden, die Tabulae, unterteilt sein kann. Die Wand (Epithek) des Coralliten kann durch schrägstehende, gewebeartige Kalkstrukturen, die Dissepimente, verstärkt sein. Die drei großen Korallengruppen zeigen alle diesen Grundbauplan. Die *Tabulata* sind dabei die am einfachsten gebauten und verfügen im allgemeinen nur über kleine oder gar keine Septen. Dafür sind sie mit einer Vielzahl an Böden (Tabulae) ausgestattet und leben stets in Kolonien. In Kalksteinen ab dem mittleren Ordovizium bis ins obere Perm sind sie häufig zu finden. Die *Rugosa* sind komplexer gebaut und leben als Einzelkoralle wie in Kolonien. Ihre Coralliten enthalten zahlreiche Tabulae und vierzählige Septen, während die Epithek durch Dissepimente verdickt wird. Sie erscheinen im Ordovizium und sterben in der unteren Trias wieder aus. Die Ordnung Scleractinia (früher Hexakorallen) innerhalb der Unterklasse Zoantharia gibt es seit der der mittleren Trias und stellt die heutigen riffbildenden Korallen. Sie treten einzeln oder koloniebildend auf und weisen Septen in sechszähliger Symmetrie auf, zwischen denen Dissepimente eingelagert sind.

Karbonische Kalksteine, England

Dibunophyllum

Thamnopora

Paläozoische Korallen

Cyathophyllum. Zu den Rugosa gehörende Einzelkoralle mit langen schmalen Septen und vielen Dissepimenten. Das Hauptseptum reicht beinahe bis zum Zentrum des Coralliten. Diese Gattung tritt in den devonischen Schichten Europas, Asiens, Australiens und Nordamerikas auf. (K)

Cystiphyllum. Gattung der Rugosa, bildet Einzelkorallen mit spinosen Septen und gut entwickelten Dissepimenten. Die Außenwand ist stark gefurcht. *Cystiphyllum* tritt weltweit im Silur auf. (K)

Halysites. Koloniebildende Gattung der Tabulata mit kettenartiger Verknüpfung der einzelnen Coralliten. Die Septen sind sehr kurz, aber gut entwickelt; Tabulae sind vorhanden. *Halysites* lebte vom mittleren Ordovizium bis ins obere Silur und tritt weltweit auf. (K)

Favosites. Eine koloniebildende Koralle der Gattung Tabulata mit dünnwandigen prismatischen, sehr engstehenden Coralliten. Sie besitzt viele Tabulae, während die Wände stark perforiert sind. Diese Gattung tritt weltweit in Schichten des oberen Ordoviziums bis mittleren Devons auf. (K)

Ketophyllum. Einzelkoralle der Gattung Rugosa mit mäßig tiefem Kelch in einem kegelförmigen Coralliten, dessen Außenseite ziemlich gefurcht ist. Wurzelförmige Stützelemente sind bei gut erhaltenen Exemplaren am Grund des Coralliten festgestellt worden. Fundorte im Silur Europas und Chinas. (K)

Mesophyllum. Zu den Rugosa gehörende Einzelkoralle mit tiefem Kelch. Die Septen sind dünn und reichen nicht bis zum Zentrum. Tabulae und Dissepimente porös; die Außenseite des Coralliten ist stark gefurcht. Im Devon von Europa, Asien und Australien zu finden. (K)

Dibunophyllum. Einzelkoralle der Gattung Rugosa, die meist in unterkarbonischen Flachwasserkalken auftritt. Die Hauptsepten berühren die Achse, die Seitensepten dagegen sind diskontinuierlich. Die zahlreichen kleinen Dissepimente bilden eine gewebeartige Struktur. Dieses Fundstück zeigt sowohl senkrechte wie waagrechte Anschnitte. Die Gattung tritt im Unterkarbon von Nordamerika, Asien, Afrika und Europa auf. (C)

Thamnopora. Verästelte, zu den Tabulata gehörende Koralle mit rundem Querschnitt. Die Wände sind dick und haben viele Wandporen, die Tabulae dagegen sind dünn. Diese Gattung findet sich weltweit in devonischen Schichten. Fundort dieses Handstücks ist Torquay, England. (C)

Karbonische Kalksteine in der Cheddar-Schlucht, Somerset (England) mit eine Fossilfauna von Mollusken, Korallen und Brachiopoden.

Lonsdaleia

Korallen des Karbons

Clisiophyllum. Einzelkoralle der Gattung Rugosa mit weiter axialer Struktur. Sie hat etwa halb soviele dünne Seitensepten wie Hauptsepten. Clisiophyllum tritt im Unterkarbon Europas und Asiens auf. (K)

Lonsdaleia. Koloniebildende Rugosa mit engstehenden, einen kleinen Spalt freilassenden Coralliten. Lange Septen; die Wände sind sehr kräftig. Der deutliche Kelch weist eine zentrale Achsenstruktur auf. Diese Gattung findet sich im Karbon von Europa, Asien, Nordafrika, Australien und Nordamerika. (K)

Caninia. Einzelkoralle der Gattung Rugosa, auch koloniebildend. Ihr zylindrischer oder kegelförmiger Kelch weist lange, dicke Hauptsepten auf; Tabulae und Dissepimente zahlreich. In karbonischen Sedimenten Europas, Nordamerikas, Nordafrikas und Australiens. (K)

Aulophyllum. Einzelkoralle, zu den Rugosa gehörend, mit vielen kleinen Septen und Dissepimenten. Sehr detailreicher axialer Bereich. Im Karbon von Europa, Asien und Nordafrika. (K)

Lithostrotion. Koloniebildende Rugosa mit kleinen Coralliten. Die Tabulae haben kegelförmige Zentren. Die ganze Kolonie ähnelt oft einem Wurzelstock. In karbonischen Gesteinsschichten Europas, Asiens, Nordafrikas, Nordamerikas und Australiens beheimatet. (K)

Syringopora. Eine koloniebildende Koralle der Gattung Tabulata mit langen, röhrenförmigen Coralliten, deren dicke Wände durch kleine röhrenartige Strukturen miteinander verwachsen sind. Die kleinen Septen wirken wie scharfe Dornen; zahlreiche Tabulae sind vorhanden. Sie findet sich in Schichten des oberen Ordoviziums bis ins Karbon, weltweit. (K)

Lonsdaleia. Diese Art der Gattung Rugosa entwickelt dichte Kolonien. Im Bild sehr deutlich die ausgeprägten Septen und Dissepimente. (C)

Siphonodendron. Zu den Rugosa gehörende Koralle mit tiefem Kelch und deutlichen Septen und Dissepimenten. Die Gattung ist im Karbon Europas verbreitet. (C)

Mesozoische Korallen

Montlivaltia. Einzelkoralle der Gattung Scleractinia mit Durchmessern bis zu 10 cm und vielen langen Septen und Dissepimenten. Die Coralliten sind zylindrisch oder konisch mit kreisrundem Querschnitt. Weltweit verbreitet in Schichten des unteren Jura bis Kreide. (K)

Thecosmilia. Kolonien- und riffbildende Art der Scleractinia mit verästelten Coralliten. Die Septen sind gerade, die Wände durch viele Dissepimente verstärkt. Ab der mittleren Trias bis in die Kreide; weltweit. (K)

Trochocyanthus. Kleine, einzeln wachsende, kegelförmige Korallenart der Gattung Scleractinia mit kreisrundem Umriß. Zahlreiche Septen; der Kelch ist mäßig tief und hat ein septenfreies Zentrum. Weltweit verbreitet ab mittlerem Jura bis Jetztzeit. (K)

Isastraea. Große Scleractinia-Koralle, deren zahlreiche fünf- oder sechsseitige Coralliten die Kolonien bilden. Viele Septen sowie Dissepimente. Fundorte in Europa, Nordamerika und Afrika in Kalksteinen des Jura und der Kreide. (HST)

Thamnastrea. Verästelte Kolonien bildende Art der Scleractinia. Die Wände sind kaum entwickelt, so daß die Septen der einzelnen Coralliten miteinander in Verbindung treten (im Bild rechts oben gut erkennbar). Oft als Riffbildner tätig; Trias bis Kreide. Dieses Handstück entstammt dem Jura Yorkshires, England. Vorkommen in Europa, Asien, Nord- und Südamerika. (C)

Siphonodendron

Thamnastrea

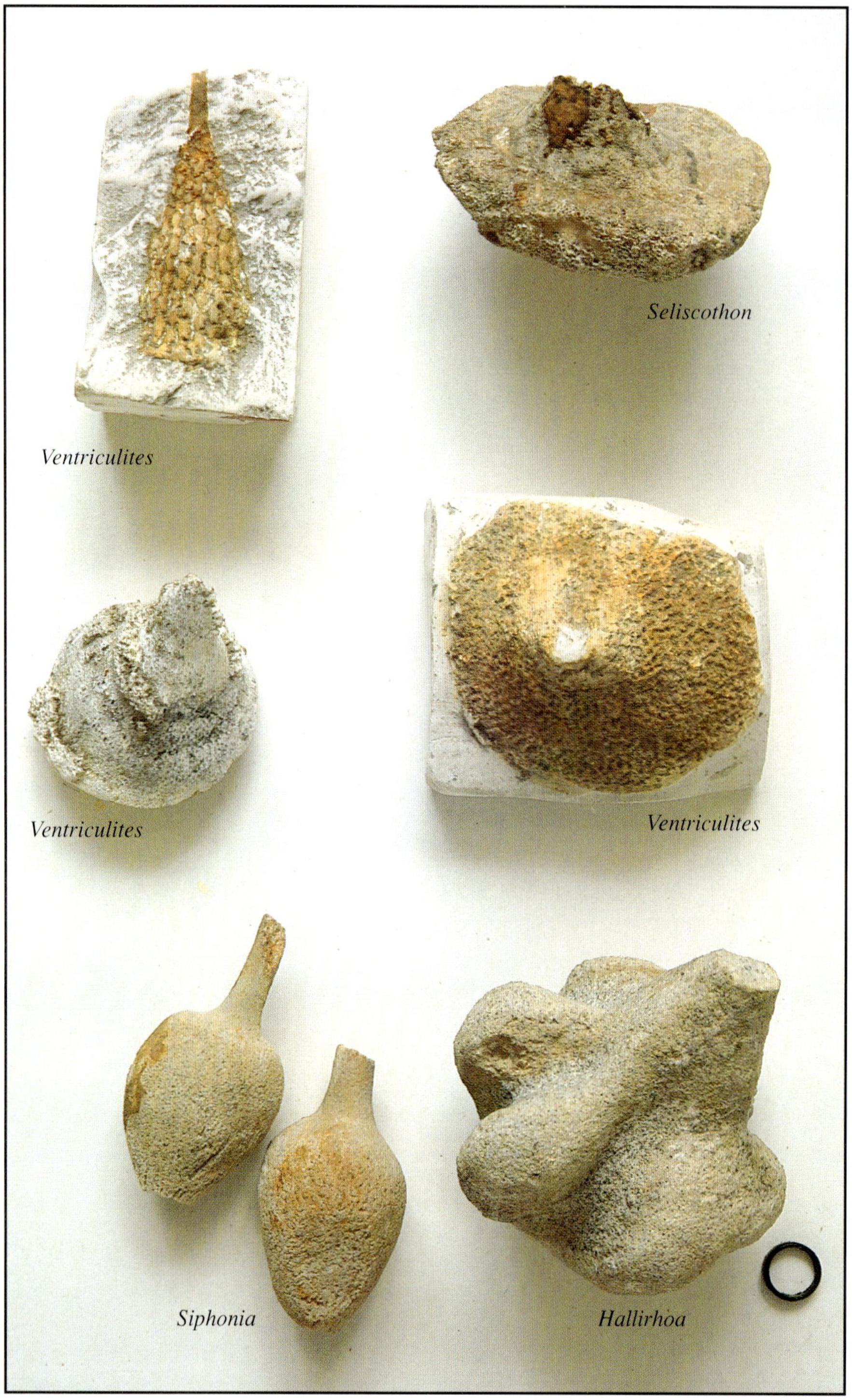

Seliscothon

Ventriculites

Ventriculites

Ventriculites

Siphonia

Hallirhoa

Fenestella

Stamm Porifera

Dieser Stamm umfaßt die vielzelligen Schwämme, einfache Organismen ohne Nervensystem. Manchmal werden sie auch zwischen Proto- und Metazoa gestellt (‚Parazoa'), gelten jedoch nicht als Vorläufer der letzteren. Ihr Körper steht aufrecht und ähnelt einer Tasche, die unten an einem Stiel befestigt ist. Durch eine zentralgelegene Öffnung im oberen Teil strömt das durch die porendurchsetzten Wände eindringende, planktonhaltige Wasser gefiltert wieder ab. Ihre Skelette bestehen aus Kiesel-, Kalk- oder Spongingerüsten (ein Eiweißstoff). Die Hartteile der Skelette, die Spiculae (Nadeln), bleiben als einzige Teile fossil erhalten und dienen zur Einteilung und Identifizierung der einzelnen Arten. Die Schwämme sind ein erdgeschichtlich alter Stamm, der bis ins Kambrium zurückreicht. Dreiviertel aller Schwammarten haben praktisch alle Lebensräume des Meeres erobert, der Rest lebt im Süßwasser.

Schwämme

Ventriculites. Vasen- bis pokalförmige, dünnwandige Kieselschwammart mit geradlinigen Furchen an der Außenwand. Radial angeordnete Kanäle sind durch große Poren verbunden. In Kreideschichten Europas. (K)

Seliscothon. Ein wurzelstockförmiger Schwammkörper; das Skelett ist vasen- bis trichterförmig und zeigt eine radial-lamellare Struktur. Eine Schwammgattung von der Kreide bis zur Jetztzeit; Europa. (K)

Siphonia. Das tulpenförmige Kieselskelett ist mit einem Stiel am Meeresboden befestigt. Die Oberflächenporen sind sehr klein und stehen mit dem internen Kanalsystem in Verbindung. Kreide- und Tertiärgestein Europas. (K)

Hallirhoa. Der lappenförmige Schwammkörper weist eine Wurzel von unterschiedlicher Länge auf. Die glatte Oberfläche ist von winzigen Poren durchsetzt. Funde in der oberen Kreide Europas. (K)

Raphidonema. Vasenförmiger Schwamm mit unzähligen kleinen Kanälen, die die Wände durchdringen (s. S. 107). Wuchshöhe etwa 5 cm. Weitverbreitet, kommt in Schichten der Trias und Kreide vor. Dieses Fundstück stammt aus der Kreide Südenglands. (C)

Bryozoa

Bryozoen sind kleine, koloniebildende Organismen (‚Bryozoenrasen'), die sich gerne an Algen und Steine anheften. Korallenriffe beherbergen reichlich Bryzoenkolonien, deren Skelette hervorragend Kalkschlamm festzuhalten vermögen und so beim Aufbau des Riffkörpers dienlich sind.

Fenestella. Häufig auftretende Gattung der Bryzoen, seit dem Ordovizium bekannt. Dieses Fundstück stammt aus dem Perm Nordwest-Englands. (C)

Raphidonema

Solenopora

Stromatolith

Algen

Stromatolith. Kalksteinknolle, die von Blaugrünalgen ausgeschieden worden ist; solche Strukturen kennt man aus Schichten mit einem Alter von 3,8 Milliarden Jahren. Heutige Stromatolithen gibt es vielerorts, insbesondere aber in Westaustralien, wo hypersalinare Flachwassergebiete an der Küste zu lebensfeindlich für die meisten marinen Lebewesen, den Algen aber ein günstiger Lebensraum sind. Diese Algen erzeugen Sauerstoff, der in präkambrischer Zeit allmählich die damals herrschende Kohlendioxidatmosphäre veränderte. Das vorliegende Handstück ist ein kleiner Stromatolith (15 cm hoch) und stammt aus dem oberen Jura von Südengland; rechts im aufgeschnittenen, polierten Zustand. (K)

Solenopora. Bemerkenswerte Kalkausscheidung einer Rotalge aus dem mittleren Jura von Gloucestershire, England. Die Schnittfläche läßt deutlich die alternierenden weißen und rosaroten Bänder erkennen. Man kann daraus auf unterschiedliche Bedingungen in der Internstruktur dieser Algen schließen; und obgleich die Färbung vermutlich primär ist, dürfte die Lagenstruktur auf spätere Lösungsprozesse zurückgehen. Rasche Versenkung der Sedimente dürfte die Farbenkonservierung begünstigt haben. (HST)

Solenopora. Diese Spezies besitzt eine schlanke Röhrenform und liegt in Kalksteinen häufig sehr gut erhalten vor. Sie kommt ab dem Ordovizium bis zum Jura vor. Dieser Fund kommt aus dem Ordovizium Südnorwegens. (K)

Solenopora

Annularia
Asterophyllites
Pecopteris
Alethopteris
Mariopteris
Neuropteris
Neuropteris

Gefäßpflanzen

Die pflanzlichen Fossilien spielen gegenüber den tierischen eine mengenmäßig nur untergeordnete Rolle. Mehrere Umstände sind dafür verantwortlich: Pflanzen bestehen reichlich aus weichem Gewebe und die primitiveren haben keine erhaltungsfähigen Hartteile; die Evolution der Pflanzen verlief derart, daß die größeren, zäherstieligen Gattungen sich erst im Laufe des Paläozoikums gut entwickelten, wohingegen viele wirbellose Schalentiere schon im Unterkambrium ihre erste Blüte hatten. Gegenwärtig stellen wir fest, daß sich die Pflanzen in fast alle Lebensräume ausgebreitet haben; viele Arten haben im Lauf der Erdgeschichte das Land erobert. Terrestrische Sedimentschichten gerieten bei tektonischen Prozessen in tiefere Erdkrustenteile, und die in ihnen konservierten Pflanzenreste wurden fossilisiert.

Viele der interessantesten Pflanzenfossilien sind im Bereich von Flußdeltas zu finden; großartige Beispiele sind aus dem Oberkarbon, dem Jura und den Sumpfgebieten des Alttertiärs bekannt geworden. Solche Umgebungsbedingungen begünstigen selbst die Konservierung zarter Gewebestrukturen, da das stagnierende, sauerstoffarme Altwassermilieu die Verwesung behinderte.

Pflanzenfossilien liegen gewöhnlich als kohlige Abdrücke im Gestein vor, doch können Verdrängungskristallisationen durch Calcit und Quarz herrliche Strukturen erzeugen. Silifizierte Pflanzenreste erlauben Untersuchungen bis in kleine Details der Zellstruktur. Die meisten Planzenfossilien werden leider nur in Bruchstücken gefunden, was an ihrer leicht zerbrechlichen Struktur und an ihrer Lebensweise liegt: die Blätter verweht der Wind, Samen werden von Wasser und Tieren verschleppt etc. So wundert es nicht, daß verschiedene Teile einer einzigen Pflanze oft eigene wissenschaftliche Namen tragen. *Lepidodendron*, der Schuppenbaum aus dem Karbon, hatte Wurzeln namens *Stigmaria* und Zapfen namens *Lepidostrobus*.

Evolution der Pflanzen

Unter den ältesten fossilisierten Organismenresten mit mehr als 3,5 Millarden Jahren befinden sich die kalkigen Stromatolithen der Blaugrünalgen, die in präkambrischen Carbonaten Kanadas, Australiens und Südafrikas nicht selten sind. Stromatolithen finden wir während der ganzen Erdgeschichte und sie leben auch heute noch, etwa in der Shark Bay Westaustraliens.

Diese Algen gelten als Vorläufer unserer heutigen Vegetation. Die wohl wichtigste Konsequenz mit dem Erscheinen der Pflanzen ist der bei der Photosynthese von ihnen ausgeschiedene Sauerstoff, der aus einer lebensfeindlichen allmählich eine lebensfreundliche Atmosphäre machte. Fossilfunde von den ältesten, primitiven Pflanzen sind sehr selten, dennoch gibt es einige, wie z.B. Äste und Stiele mit Sporenkapseln von *Cooksonia* aus dem Silur von Wales. Pflanzen wie sie brauchten ein sehr feuchtes Habitat zu ihrer Fortpflanzung.

Während des Devons nimmt die Zahl pflanzlicher Fossilien allmählich zu. Eine interessante, gut untersuchte Fossilflora ist die des Rhynie-Cherts, einer Sumpfpflanzengemeinschaft bei Aberdeen in Schottland. Die Fossilqualität erlaubte sogar mikroskopische Studien an der Zellstruktur. Die Landflora des Devons war noch klein, ein ‚Wald' war nur 1 m hoch. Gegen Ende des Devons erschienen die ersten Farne sowie samentragende Pflanzen, während sich im anschließenden Karbon üppige Wälder von riesigen Lycopodiinen (Bärlappgewächse) und Equisetatae (Schachtelhalme) über die Sumpfebenen der Flußdeltas Nordamerikas, Eurasiens und Sibiriens erstreckten. Diese reichhaltige Flora aus dem Oberkarbon enthält u.a. Lycopodiatae (*Lepidodendron* und *Sigillaria*), Equisetatae (*Calamites*), Samenfarne (*Neuropteris* und *Alethopteris*) sowie Gymnospermen (Fortpflanzung durch Samen) mit *Cordaites*.

In Perm und Trias änderte sich die geographische Verteilung der Landflora dahingehend, daß sich auf der Nordhalbkugel ein wüstenartiges Klima breitmachte und die Pteridophyten (= Farnpflanzen: Farne, Schachtelhalme, Bärlappe) verdrängte, während Coniferen, Cycadeen (Palmfarne) und Gingkos sich langsam entwickelten. Schichtfolgen des alten Superkontinents *Gondwanaland* aus Indien, Südamerika, Südafrika, Australasien und Antarktika enthalten die berühmte Glossopteris-Flora (nach dem Samenfarn *Glossopteris* genannt), deren Verbreitung auf diesen Erdteilen als Beweis für Kontinentaldrift gilt.

Im Jura beherrschten die Palmfarne mit ihren rauhen, säulenartigen Stämmen und federartigen Palmwedeln die Florenszene. Gute fossile Florengesellschaften fand man in Sibirien und China, aber auch in Deltasedimenten Nordostenglands mit hervorragenden Funden von Cycadeen und Bennettiteen (z.B. die Sumpfpflanzengattung *Williamsonia*).

Weite Verbreitung erreichten im Mesozoikum die Coniferen (Nadelbäume); in ihren Harzen verfingen sich zahlreiche Insekten und wurden zusammen mit dem ausgehärtetem Harz als Bernstein konserviert. Pflanzen mit weiter entwickelten Blüten traten erstmals mit den Angiospermen (= Bedecktsamer) im Oberjura in Erscheinung; mit ihrer getrenntgeschlechtlichen Fortpflanzung wurden neue Genkombinationen begünstigt und sie entwickelten vielerlei Wege, das Ziel der Fremdbestäubung zu erreichen. Manche versuchten es mit Düften, Farben oder Nektar, um Insekten anzulocken; andere brachten flugfähige Pollen hervor, die der Wind zum Partner trug. Fossile Angiospermen kennen wir aus vielen tertiären Sedimenten Eurasiens und Nordamerikas. Da viele fossile Angiospermen verwandte Arten in der Gegenwart haben, sind Klimarekonstruktionen der Vergangenheit möglich. So konnten anhand der Pollen in eiszeitlichen Sedimenten Gletschervorstöße von Gletscherrückzügen unterschieden werden.

Neuropteris

Asterophyllites. Gattung der Schachtelhalmgewächse mit schlankem Stamm und gleichgroßen Astknoten mit schmalen Blättern. Im Oberkarbon Europas. (S)

Pecopteris. Ein Farn mit vielen kleinen Farnwedeln. Das Fundstück zeigt einen Seitenast des Hauptstammes. Einige Arten dieser Gattung waren Samenfarne, andere benutzten als echte Farne zur Vermehrung Sporenkapseln. In Schichten des Oberkarbons von Eurasien und Nordamerika. (S)

Annularia. Gattungsname für die rosettenförmigen Blätter des Schachtelhalms *Calamites*. Sporenbehälter in Kegeln an den Blattspitzen untergebracht. Im Karbon von Nordamerika, Europa und China. (S)

Mariopteris. Zu den echten Farnen (Pterophyten) gehörend, mit stark unterteilten Farnwedeln. Vermehrung durch Sporen in feuchtem Milieu. Im Karbon Nordamerikas und Europas. (L)

Alethopteris. Gattung der Pteridospermen (=Samenfarne). Ähnliche Größe und Struktur wie *Neuropteris*, jedoch spitzere Blattenden. In karbonischen Schichtfolgen Europas und Nordamerikas. (L)

Neuropteris. Eine weitere Pteridospermengattung, bei der die Wedel stets abseits von der restlichen Pflanze liegend gefunden werden. Die Blätter sind oval und meist als Kohlenstoffabdruck erhalten. Als Sumpfpflanzen bewohnten sie karbonische Flußdeltas. Diese Handstücke stammen aus dem Kohlerevier um Staffordshire; ferner Funde im Oberkarbon Europas und Nordamerikas. (S)

Neuropteris in einer eisenoxidreichen Knolle; Fundort Illinois, USA. (JM)

Lepidodendron

Stigmaria. Gattungsname für fossile Wurzeln des Riesenbärlapps Lepidodendron. Es sind dicke, derbe, zylindrische Wurzeln, die während der Fossilisation oft deformiert werden. Die vielen Narben indizieren die Ansatzpunkte der Seitenwurzeln. Das ganze Wurzelsystem zweigte fast waagrecht von der Pflanze ab. Weltweite Verbreitung in Schichten des Karbons und Perms. (S)

Calamites. Gattung der Schachtelhalme mit typisch gegliedertem Stamm und einer Wuchshöhe von 20 m. Im Karbon und Perm der UdSSR, USA, China, Korea und Europa. (CP)

Equisetum. Ein weiterer Vertreter der Schachtelhalmgewächse mit einer Wuchshöhe von über 40 m, heute durch kleinere Arten repräsentiert. Der hohle Stamm ist gleichmäßig segmentiert, zeigt eine senkrechte Riefung und trägt nadelartige Blätterwedel; verzweigter Wurzelstock. Sumpfbewohner mit weltweiter Verbreitung ab dem Devon bis in die Gegenwart. Das Fundstück stammt aus dem Jura Nord-Yorkshires. (L)

Halonia. Gattungsbegriff für ein Wurzelsystem mit auffälligen Knotenreihen und rundem Querschnitt. Im Karbon Europas. (L)

Cooksonia. Die erste (gefundene) Gattung von Gefäßpflanzen mit den ältesten Vertretern aus dem Silur von Wales. Das vorliegende Exemplar stammt aus dem Devon Schottlands. Die Stiele verzweigen und tragen Sporenkapseln an den Enden; außerdem haben sie wasserleitende Xylemzellen. *Cooksonia* gehört zur den Psilophyten kommt in Nordamerika, Eurasien, Afrika und Antarktika vor. Die Bildkante entspricht ca. 3 cm. (RMS)

Lepidodendron. Zwei Fundstücke dieses häufigen Bärlappgewächses aus dem Karbon. Das obere Bild zeigt einen Astausschnitt, das linke einen Stamm mit rautenförmigen Blattnarben. (D)

Cooksonia

Lepidodendron

Williamsonia

Williamsonia

Coniopteris

Glossopteris

Ginkgo

Acer

Coniopteris. Ein zarter Farn des Mesozoikums, dessen Farnwedel zwei- bis mehrfach geteilt sind; kurzer Stengel. Weitverbreitet in Europa (Polen), Alaska, Indien, Japan, UdSSR. (JM)

Glossopteris. Gattung der laubtragenden Samenfarne, die Büsche von ca. 6 m Höhe bildeten. Die Blätter sind verbreitet in Schichten des Perms und der Trias von Südafrika, Südamerika, Antartika, Indien und Australien. Die Annahme einer damals bestehenden räumlichen Verbindung dieser Erdteile zu einem einzigen Großkontinent (Gondwanaland) geht wesentlich auf die Verteilung der Glossopteris-Flora und anderer Fossilien zurück. Fundort Adamstown, Australien. (C)

Williamsonia. Gehört zu den Palmfarnen (Cycadeen), der ältesten Gruppe der Angiospermen. Gattung der zwittrigen Bennettitatae. Typisch sind die gefiederten Blätter, wie im Bild zu sehen. Die Bennettitatae kennt man ab der Trias bis in die Oberkreide; weltweit. *Williamsonia* lebte während des Jura. (C, JM)

Ginkgo. Zu den Gymnospermen gehörendes ‚lebendes Fossil' (eine Art lebt noch heute in China, Japan; Gartenzierbaum), das bis ins Perm zurückgeht. Blattform typisch fächerartig, Laubbaum mit ca. 30 m Wuchshöhe; Blüten zweihäusig (getrenntgeschlechtig). Fossile Blätter sind recht häufig in Schichten ab dem Perm; weltweit verbreitet. Im Bild etwa 3 cm große Exemplare aus dem Jura Nordenglands. (C)

Acer. Ein fossiles Blatt der gegenwärtigen Gattung Ahorn, gefunden in feinkörnigen Kalken des Miozäns in Nordfrankreich. (L)

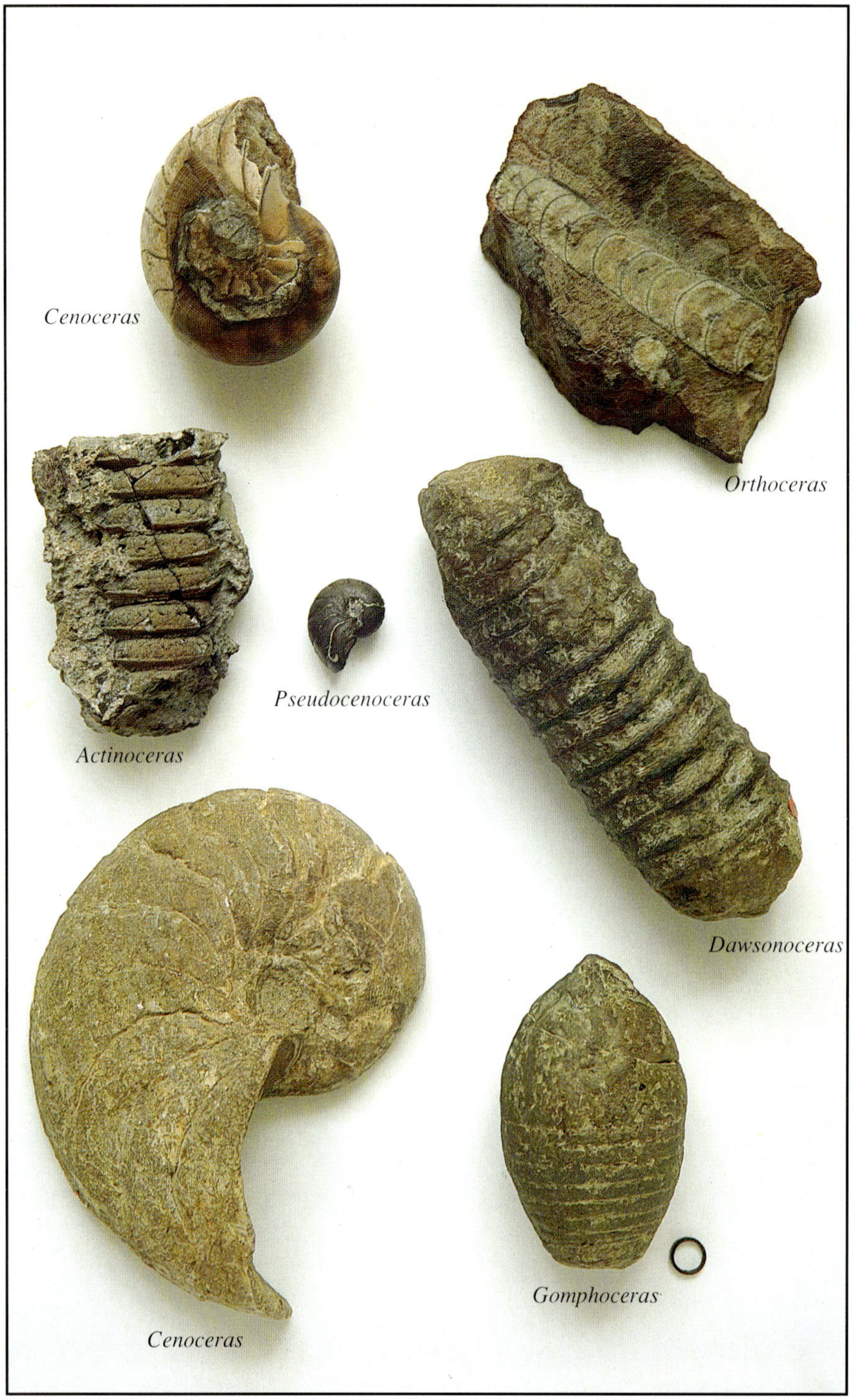

Orthoceras (Ausschnitt)

Stamm Mollusca

Der mannigfaltige Stamm der Weichtiere besteht aus schalenlosen und schalentragenden Arten. Gemein ist allen ein weicher Körper, viele Gruppen haben einen muskulösen ‚Fuß'. Im einzelnen variiert der Körperbau je nach Lebensraum der Gruppen stark. Manche sind großwüchsig mit Tentakeln, Augen und einem hochorganisierten Nervensystem; andere haben einen verdrehten Körper, der in einer Spiralschale steckt; wieder andere sind sehr einfach gebaut und bewohnen eine flache Schale; manche leben zwischen zwei Klappen und sind augen- und fühlerlos. Der überwiegende Teil der Mollusca lebt im Meer, doch gibt es auch welche, die das Brack- und Süßwasser bewohnen; einige leben an Land und klettern selbst Bäume empor. Ihre Größe reicht von mikroskopisch bis in den Meterbereich (Riesenkraken).

Klasse Cephalopoda

Diese im Meer lebenden, freischwimmenden und schalentragenden Mollusken zeichnet eine große Formenvielfalt aus, die sie in einer als stürmisch anzusehenden Evolution hervorbrachten. Von allen Wirbellosen sind sie die höchstentwickelte Klasse. Sie bewegen sich mittels Rückstrahlprinzip durch Ausstoßen von Wasser aus dem unter den Tentakeln mündenden Trichter. Der Körperbau ausgestorbener Arten war wohl dem von Tintenfischen und Sepien nicht unähnlich. Die Schale ist ein Meisterstück der Synthese von Zweck und Design. Zu einer flachen Spirale aufgerollt, verjüngen sich die Windungen zum Nabel hin. Würde man die Schale aufrollen, gliche sie einem spitzen Horn mit einer ventral liegenden Rille, wo sich die Windungen berühren. Innen ist die Schale durch Septen in Kammern unterteilt. Nahe der Apertur (= Schalenmündung) sitzt die Wohnkammer, an die sich viele Luftkammern zur Auftriebssteuerung anschließen. Sie alle verbindet ein dünner Schlauch, der Sipho, über den der Druck in den Luftkammern vom Tier reguliert wird. Bei den Nautiloideen liegt der Sipho (fast) zentral, bei den Ammonoideen liegt er seitlich, nächst der Ventraloberfläche der Schale. Durch die Schnittfläche zwischen Septen und Schalenaußenwand entsteht die sogenannte Lobenlinie, ein wichtiges Entwicklungs- und Bestimmungselement. Zur Diagnose muß dazu die äußere Schalenoberfläche entfernt werden. Sie beginnt als sehr einfache Linie bei den Nautiloideen und Ammonoideen und wird besonders bei letzteren ab dem Mesozoikum immer komplexer. Eine große Formenvielfalt weist auch die Schale auf. Zu unterscheiden sind involute Schalen (wenn die äußeren Windungen die inneren teilweise überdecken) von evoluten Schalen, bei denen auch die inneren Windungen gut sichtbar sind. Andere Cephalopoden haben aufgebogene Windungen oder gerade Gehäuse. Das tentakelbewehrte Tier verfügt über ein sehr gutes Nervensystem, hat Augen, und viele Arten besitzen einen Tintenbeutel zur Verspritzung einer dunklen Flüssigkeit, mit der sie das Wasser zu trüben vermögen. Die ersten Cephalopoden tauchen schon im Kambrium auf, nehmen im Paläozoikum und Mesozoikum stark zu und sterben gegen Ende der Kreide bis auf wenige aus.

Nautilus

Ryncholit

Dentalium

Unterklasse Nautiloideen

Die Nautiloideen erschienen bereits im Kambrium und entwickelten sich im Ordovizium zu einer sehr artenreichen Gruppe. Mit *Nautilus pompilius* hat sie sogar einen Vertreter in der Gegenwart, er lebt im Westpazifik. Interessant ist die Feststellung, daß sein leeres Gehäuse sehr weit verdriften kann, ein Umstand, der darauf hinweist, daß die Fossilien vieler Mollusken auch außerhalb ihres Lebensraums gefunden werden können. Viele ältere Formen haben ein gerades Gehäuse (orthokonisch), doch ist die eingerollte Form ein Merkmal dieser Unterklasse. Große geradschalige Nautiloideen waren gefürchtete Räuber der paläozoischen Meere. Der Sipho liegt bei ihnen zentral, ihre Lobenlinien sind einfach.

Actinoceras. Orthokonischer Nautilide von beachtlicher Größe. Typisch ist die zwiebelförmige Verdickung des Sipho zwischen den Septen. Der Sipho liegt zentral und ist perlschnurartig. Häufig in Schichten ab dem unteren Ordovizium bis ins Oberkarbon; weltweit verbreitet. Fundort ist das Ordovizium Nordostgrönlands. (K)

Dawsonoceras. Erreicht beachtliche Größen, meist jedoch ca. 12 cm lang. Kreisförmiger Querschnitt und kräftige und gut gegliederte Rippen kennzeichnen die Schale. Die Gattung tritt in Schichten des Silurs von Eurasien, Nordamerika und Australien auf. (K)

Orthoceras. Das Tier wird bis zu mehrere Meter lang. Das Gehäuse ist fast zylindrisch und nimmt mit der Länge an Umfang zu. In diesem Anschliff sieht man deutlich die Septen. Orthoceras kommt vom unteren Ordovizium bis in die Trias weltweit vor; dieser Fund stammt aus dem Devon des marokkanischen Atlasgebirges. (K)

Gomphoceras. Seine mittlere Länge beträgt etwa 10 cm. Das Gehäuse ist eiförmig mit breiten Rippen über die halbe Länge und hat einen Schlitz in der ventralen Außenschale. Seine wahren Größenverhältnisse gegenüber anderen Cephalopoden sind unsicher. Vorkommen im Silur Europas, dieses Exemplar stammt aus Shropshire, England. (K)

Cenoceras. Evolute bis involute Schale von kugeliger Gestalt. Auf der Schale sieht man Wachstumslinien und eine dünne Längsriefung. Die Lobenlinie ist flach gelappt, während die Lage des Sipho variabel ist, aber nie seitlich zu liegen kommt. Weltweit in Schichten des Mittel- bis Oberjura. (K)

Pseudocenoceras. Involute Schalenform mit einem fast rechteckigen Querschnitt. Die Nabelkanten sind abgerundet und der Sipho liegt fast zentral. Die Gattung tritt in der Kreide Europas und Nordafrikas auf. (K)

Nautilus. Polierter Querschnitt eines Exemplars aus dem Lias mit den Kammern und dem Sipho. Rezent im Indik und Pazifik. (D)

Orthoceras (Ausschnitt). Geradschaliger Typ der Nautiloideen. Der subzentral gelegene Sipho sowie die Septen sind aus hellem Calcit. Fundort Shanghai, China. (D)

Rhyncholit. Dieser recht ungewöhnliche Fund stammt von dem schnabelförmigen Kieferapparat einer kretazischen Nautiloidee. Norfolk, England. (HST)

Klasse Scaphopoda

Tiergruppe mit einem sehr spitzen, röhrenförmigen Gehäuse, das beidseitig offen ist. Die ventrale Seite kann konvex sein. Es sind Bodenbewohner, die mit dem dickeren Ende im Meeresboden festsitzen, während das dünnere herausragt. Das Tier hat ein Kopfende, eine Radula (= Reibplatte) und Nährstoffe herbeistrudelnde Tentakeln. Fossile Formen (älteste: Ordovizium) seltener als rezente.

Dentalium. Häufige Gattung mit meist länglichen Riefen. Die Schale mit oft polygonaler Spitze erreicht Längen von bis zu 15 cm. Von links nach rechts: *Dentalium priseum* aus dem Karbon von Dumfries, England; *D. sexangulare* aus dem Pliozän der Toskana und *D. striatum* aus dem Eozän von Hampshire, England. (K)

Goniatiten

Unterklasse Ammonoidea

Tiere dieser Gruppe treten erstmals im Devon auf und entwickeln sich rasch im ausgehenden Paläozoikum und Mesozoikum. Ihre Differenzierung in viele Gattungen und Arten sowie ihre weite geographische Verbreitung (dank einer auftriebsfähigen Schalenkonstruktion sind sie freischwimmend) prädestiniert sie zu idealen Leitfossilien. Die stratigraphische Feingliederung hat durch sie einen Grad erreicht, daß ein Ammonitenhorizont nur 100 000 Jahre zählt.

Ihre nächsten lebenden Verwandten sind Tintenfische und Kraken, wenngleich die gekammerte Schale der Ammonoideen eher an die weitläufiger verwandten Nautiloideen erinnert. Wichtige Unterschiede zwischen den beiden letzterwähnten Gruppen betreffen die Lage des Sipho (seitlich bei Ammonoideen, zentral bei Nautiloideen) sowie die viel komplexere Lobenlinie der Ammonoideen, insbesondere der Ammoniten, bei denen eine zunehmende Zerschlitzung der Lobenlinie kennzeichnend ist.

Wegen ihrer raschen Differenzierung in zahlreiche Arten tauchen auch homöomorphe Ähnlichkeiten zwischen voneinander unabhängigen Gruppen auf. Sexualdimorphismus ist bei Jura-Ammoniten nicht selten zu beobachten. Fast immer drückt sich dies in signifikanten Schalengrößenunterschieden zwischen vermuteten Weibchen und Männchen einer Art aus; ist das Geschlecht einigermaßen gesichert (das ist bei Fossilien nicht eben leicht), so spricht man von Mikroconch (m) bzw. Makroconch (M) (s. S. 119). Für eine exakte Diagnose eignen sich ausschließlich ausgewachsene, vollständige Schalen; diese verfügen über die Wohnkammer (sie hat keine Lobenlinien). Schalen erwachsener Tiere erkennt man an der Art, wie die Lobenlinien sich nahe der Wohnkammer zusammenbündeln, an der leicht gelösten Naht zwischen den Windungen nahe der Wohnöffnung und an einer veränderten Ornamentierung um die Wohnöffnung herum.

Grob gesagt werden als *Goniatiten* Ammonoideen des Devons und Karbons, als *Ceratiten* Ammonoideen des Perms und der Trias, und als *Ammoniten* Ammonoideen des Jura und der Kreide bezeichnet. Außer diesen beinhaltet die Entwicklung der Ammonoideen eine Reihe anderer Unterordnungen.

Paläozoische und mesozoische Ammonoideen

Gastrioceras. Bis zu 10 cm ø und involute, runde Schale. Die Nabelkanten sind mit Knoten versehen, die fast in die Rippen überleiten. Der Fund ist aus dem Oberkarbon von Lancashire, England; die Gattung tritt in Schichten dieses Alters in Europa, Asien, Nordamerika und Nordafrika auf. (K)

Reticuloceras. Eine Gattung mit nur kleinem Durchmesser (3 cm). Involute Windungsform mit weitgespreizten Rippen; scheibenförmig. Der Schalenquerschnitt ist ganz rund. Tritt im Oberkarbon von Europa, Asien und Nordamerika auf. (K)

Goniatites. Das Gehäuse wirkt kugelig, ist involut gewunden und erreicht bis 5 cm Durchmesser. Die Lobenlinien haben spitze Loben und runde Sättel. Einige Arten zeigen eine Spiralornamentierung. Goniatites findet sich im Karbon von Europa, Asien, Nordamerika und Nordafrika; dieses Fundstück kommt von der Isle of Man. (K)

Prolecanites. Erreicht bis 20 cm Durchmesser bei leicht involuter Windungsform und hat abgeflachte Windungen. Die typische Lobenlinie ist leicht erkennbar. In Schichten des unteren Karbons von Europa, Asien und Nordamerika. (K)

Cyrtoclymenia. Involute Schale, einfache Lobenlinie und eine leichte Ornamentierung mit schwachen Rippen. Die Stücke stammen aus devonischen Schichten Polens, während die Gattung im Devon Europas, Nordafrikas und Westaustraliens vorkommt. (HST)

Clymenia. Erreicht eine Größe von ca. 8 cm. Die Windungen sind evolut und meist glatt mit schwachen Rippen. Verbreitet im Devon Europas, Asiens und Nordafrikas; dieses Fundstück stammt aus dem Oberdevon Polens. (HST)

Cymaclymenia. Subinvolute Schale mit Wachstumsstreifen. Der Nabelrand fällt steil zum tiefliegenden Nabel ab. Weltweit in devonischen Schichten verbreitet, außer in Südamerika und Antarktika; dieses Exemplar stammt aus Polen. (HST)

Sudeticeras. Kleine involute Schalenform von kugeliger Gestalt und ohne ersichtliche Verzierungen, jedoch feingeformte Rippen. Tritt auf im Unterkarbon von Europa, Nordamerika, Nordafrika und Eurasien; Fundstück aus Yorkshire, England. (K)

Arcestes. Sie erreicht 10 cm Durchmesser und ist involut gewunden. Die Gestalt ist kugelig, die Schale glatt. Der Fund kommt aus der Trias Österreichs; weltweites Auftreten, nur in England nicht. (K)

Cladiscites. Großer Wuchs, stark involut, die inneren Windungen sind verdeckt. Ventralwärts verbreitet sich der Schalenquerschnitt. Bei diesem Exemplar fehlt die äußere Schalenlage, so daß die komplexe Lobenlinie gut sichtbar ist. Aus der Trias Österreichs; in triassischen Schichten Europas, des Himalayas und Alaskas. (K)

Joannites. Mittlere bis große, kugelige Schale mit stark involuten Windungen (Nabel ist verdeckt); glatte Oberfläche. Die Gattung tritt in der Trias Europas, Nordamerikas und des Himalayas auf; dieser Fund stammt aus Österreich. (K)

Goniatiten. Charakteristisch ist die Kugelgestalt mit der involuten Windungsform. Der durchgesägte Goniatit zeigt deutlich die verfüllten Luftkammern und den seitlich liegenden Sipho. Karbon, Yorkshire. (C)

Durness-Kalkstein. Eine der ältesten molluskenführenden Gesteinsserien (Kambrium bis Ordovizium), hier zu sehen als helle Kalke einer Überschiebungsfläche.

Anaptychus. *Arnioceras* aus dem Lias (unterer Jura) mit *Anaptychus* (unterer Kiefer) in der Nähe der Gehäuseöffnung. (JM)

Der Durness-Kalkstein

Anaptychus

Aegoceras
Promicroceras
Liparoceras
Aegoceras
Pleuroceras
Microderoceras
Oxynoticeras
Psiloceras
Eoderoceras
Asteroceras
Pleuroceras
Amaltheus
Echioceras

Ammoniten des Lias

Eoderoceras. Der mittlere Durchmesser dieser Gattung beträt 10 cm. Evolute Schale, alle Windungen sind gut sichtbar. Weitstehende, breite Rippen mit Knoten auf den inneren Windungen. Aus dem Lias (unterer Jura); weltweit verbreitet. (K)

Echioceras. Gleichfalls ca. 10 cm groß, mit evoluter Schale und sichtbarem Nabel; kräftige, weitstehende Rippen. In Liasschichten, weltweit. (K)

Pleuroceras. Wuchsgröße ca. 10 cm; subevolute Schale mit rechteckigem Windungsquerschnitt; kräftige, weitstehende Rippen, die Knötchen oder Dornen tragen können. Abgeflachte Ventralseite mit sichtbarem Kiel. Das dunklere Fundstück stammt aus Yorkshire, das andere aus Deutschland. Im Lias von Europa und Nordafrika. (CP, K)

Amaltheus. Die abgeplattete Schale hat einen Durchmesser bis zu 8 cm und ist involut. Die zwei- und dreigegabelten Rippen spalten nahe der Ventralseite auf, der Kiel ist typisch gezopft. Im Lias von Europa, Nordafrika, Asien und Nordamerika. (K)

Microderoceras. Er erreicht Durchmesser bis zu 20 cm. Die Schale ist evolut mit kräftigen Rippen und kleinen Knötchen. Ventralwärts werden die Rippen dünner. Die Gattung tritt im Lias von Europa, Mittel- und Südamerika auf. (CP)

Asteroceras. Etwa 10 cm Schalendurchmesser, subevolute Windungsform. Rasche Zunahme des Windungsquerschnitts. Die kräftigen Rippen biegen ventralwärts leicht nach vorne um. Der Kiel ist eingekerbt. Im Lias von Europa, Nordamerika und Asien. (K)

Aegoceras (m). Kleine bis mittelgroße Gattung von etwa 6 cm Durchmesser. Evolute Windungsform und große kräftige Rippen, die ventralwärts nach vorne umbiegen und oft kleine Knötchen tragen. Diese Gattung ist vermutlich der Mikroconch (s. S. 119) eines sexualdimorphen Paares (zusammen mit *Liparoceras*). Im Lias Europas. (K, CP)

Liparoceras (M). Größe bis 10 cm Durchmesser mit robustem, involutem Gehäuse, rundem Windungsquerschnitt und tiefem Nabel. Die starken Rippen tragen nächst der Ventralseite Knötchen. Im Lias von Europa, Nordafrika und Indonesien. (CP)

Psiloceras. Die Schale wird bis zu 7 cm im Durchmesser, die Windungen sind evolut und außer den Rippen trägt sie keine Verzierungen. Funde oft in Form von verzerrten Steinabdrücken; unterstes Leitfossil des Jura. im Lias von Europa, Asien, Nord- und Südamerika. (K)

Promicroceras. Diese Gattung wird nur 3 cm groß. Die Windungsform ist evolut bei einem nahezu kreisrunden Querschnitt, die scharfen Rippen flachen ventralseitig ab. Leitfossil im Lias Europas. (CP)

Oxynoticeras. Die abgeflachte Schale erreicht einen Durchmesser von 8 cm, ihre Windungsform ist involut. Die Rippen ziehen förmlich in den engen Nabel hinein. Leitfossil, im Lias von Europa, Nordafrika, Japan, Indonesien und Südamerika. (K)

Strandplatte mit Riesenammoniten

Promicroceraten auf einer Schichtfläche. Diese Steinplatte stammt aus dem Lias von Somerset, England. Früher wurden solche fossilreiche Platten zu Schmuckzwecken geschnitten und poliert. Neben einigen Steinkernen sind auch Original-Schalenreste erhalten geblieben. (HST)

Strandplatte mit Riesenammoniten aus dem kalkigen Jura von Somerset, England. Im Hintergrund wechsellagernde Schiefertone und Kalksteine.

Promicroceraten auf einer Schichtfläche

Tulites
Hildoceras
Chondroceras
Morrisiceras
Leioceras
Parkinsonia
Graphoceras
Procerites
Stephanoceras
Harpoceras
Ludwigia
Dactylioceras
Hildoceras
Dactylioceras

Ludwigia, Ludwigina

Procerites, Siemiradzkia

Brasilia, Ludwigella

Ammoniten des Lias bis Dogger

Stephanoceras (M). Die Schale erreicht 15 cm im Durchmesser, die Windungen sind evolut und zeigen einen fast runden Querschnitt. Auf der Nabelseite trägt sie grobe, einfache und mit Knoten versehene Rippen, die zur Ventralseite hin aufgabeln. Weltweites Auftreten im Dogger, dieses Exemplar kommt aus Dorset, England. (K)

Graphoceras. Die Schale wird bis 8 cm groß und hat involute Windungen, die den Nabel fast völlig verdecken. Die dünnen Sichelrippen verzweigen ventralwärts, die Windungsebene ist abgeflacht. Die Nabelkante fällt steil ab, der Kiel ist scharf. Im Dogger von Europa, Asien und Afrika. (K)

Chondroceras. Kleine, kugelige Gattung von 4 cm Durchmesser. Die Windungen sind involut und haben einen runden Querschnitt. Die dünnen Rippen spalten ventralwärts 2 bis 3fach auf. Aus dem Dogger von Europa, Nordafrika, Neuguinea, Indonesien, Nord- und Südamerika. (K)

Procerites (M). Kann sehr groß werden. Subevolute Windungsform bei leicht abgeflachtem Querschnitt. Die kräftigen Rippen gabeln gegen die Ventralseite hin auf. Im Dogger Europas. (K)

Tulites (M). Wird bis 15 cm groß und hat eine schwere, rundliche Schale mit involuten Windungen und einem sehr tiefliegenden Nabel. Die schwach erkennbaren Rippen tragen Knötchen auf dem Nabelrand. Die Gattung tritt im Dogger Europas und Saudi-Arabiens auf; dieses Fundstück stammt aus Somerset, England. (K)

Ludwigia (M). Die Schale ist von mittlerem bis großem Durchmesser (12 cm). Die Windungen der involuten Schale sind in Nabelnähe kaum noch sichtbar. Der Nabelrand ist tief abfallend, während die Sichelrippen auf halber Strecke zwischen Nabelrand und Ventralseite aufgabeln. Scharfer Kiel. Aus dem Dogger Europas, Nordafrikas, des Iran, Sibiriens und Südamerikas. (K)

Morrisiceras (M). Die Schale hat einen Durchmesser von etwa 8 cm, einen runden Umriß und ist tiefnabelig. Involute Windungsform. Die inneren Windungen tragen gegabelte Rippen, um die Außenwindung greifen einfache Rippen herum. Im Dogger von Europa. (HST)

Leioceras. Die involute Schale hat einen stark abgeplatteten Windungsquerschnitt, trägt einen scharfen Kiel und zahlreiche Sichelrippen. Die Gattung tritt im Dogger Europas, Nordafrikas, des Iran und im Kaukasus auf. Das Fundstück kommt aus dem Dogger Deutschlands. (CP)

Hildoceras. Erreicht 12 cm Durchmesser und mehr. Die evolute Schale trägt in Flankenmitte eine starke auffällige Furche. Die Rippen sind sichelförmig, während der Kiel beiderseitig eingeschnitten ist. Vorkommen im Oberlias Europas, Kleinasiens und Japans. Beide Stücke stammen aus England (Northampton, Whitby). (HST, K)

Harpoceras. Mittelgroße bis große Gattung, die mehr als 20 cm Durchmesser erreichen kann. Die involute Schale ist ventralseits abgeplattet und trägt einen kräftigen Kiel; Sichelrippen. Weltweit verbreitet in Schichten des oberen Lias. (K)

Dactylioceras. Das evolute Gehäuse wird zwischen 5 und 10 cm groß und hat einen fast kreisrunden Querschnitt. Die starken Rippen gabeln an den Flanken auf; ein Kiel fehlt. Die inneren Windungsflanken können mit Knötchen verziert sein. Weltweite Verbreitung im Oberlias. (CP, K)

Parkinsonia. Die evolute Schale erreicht bis zu 15 cm Durchmesser und ist seitlich etwas abgeflacht. Die Rippen gabeln gegen die Ventralseite hin auf, greifen aber dort nicht um. In Schichten des Dogger von Europa, Nordafrika, der UdSSR und des Iran. (K)

Dimorphismus bei Ammoniten

Sexualdimorphismus drückt sich im allgemeinen durch deutliche Größenunterschiede zwischen den Geschlechtern aus. Allerdings ist es unmöglich zu entscheiden, welches Gehäuse zu welchem Geschlecht gehört. Das größere wird aus Konvention mit dem Zusatz (M) für Makroconch versehen, das kleinere mit (m), für Mikroconch. Definitive Merkmale verraten, ob ein Gehäuse einem ausgewachsenen Tier aufsaß und vollständig ist, daß also kleinere Gehäuse nicht etwa Jungtieren gehörten, oder gar nur die inneren Windungen eines Makroconch darstellen. Drei Beispiele für dimorphe Formen:
Ludwigia (M) und **Ludwigina** (m) aus dem mittleren Dogger; Fundort Insel Skye, Schottland. (HST)
Procerites (M) und **Siemiradzkia** (m) aus dem mittleren Jura von Kap Mondego, Spanien. (HST)
Brasilia (M) und **Ludwigella** (m) aus dem mittleren Jura von Dorset, England. (K)

Hamites
Baculites
Kosmoceras
Laevaptychus
Euhoplites
Scaphites
Cardioceras
Anahoplites
Kosmoceras
Peltoceras
Quenstedtoceras
Pectinatites
Schloenbachia

Pavlovia

Turrilites

Titanites

Mantelliceras

Ammoniten von Dogger, Malm und Kreide

Scaphites. Die Schale mit einem maximalen Durchmesser von 10 cm hat breite, abgeflachte Windungen, die innen sehr dicht gewickelt sind, sich nach außen hingegen auflösen. Zahlreiche Knötchen und dünne Gabelrippen verzieren Nabelkante und Flanken. In Kreideschichten Europas, Südafrikas, Nordamerikas, Chiles und Australiens; Fundstück aus Süddakota, USA. (K)

Euhoplites. Ausgewachsen wird er 5 cm groß. Die subevolute Schale ist tief genabelt. Die Ventralseite ist tief gefurcht. Die sehr starken Rippen gabeln an Knoten und springen ventralwärts nach vorne. In der Unterkreide von Nordeuropa, Grönland und Alaska; Fundstück aus Kent, England. (K)

Anahoplites. Das glatte, mit feinen Rippen und Knötchen (auf dem Nabelrand) geschmückte Gehäuse erreicht 10 cm Durchmesser, ist seitlich abgeplattet und hat involute Windungen. Quadratischer Windungsquerschnitt. In der Unterkreide Europas. (K)

Schloenbachia. Die relativ involute, scheibenförmige Schale wird bis zu 8 cm groß. Die kräftigen, gekrümmten Rippen tragen Knötchen. Die glatte Ventralseite trägt einen dünnen Kiel. Leitfossil in der oberen Unterkreide Europas, Grönlands und Südwestasiens. (CP)

Peltoceras (M). Große, massige Gattung mit über 20 cm Durchmesser. Evolute Schale mit kräftigen Rippen, die auf den Außenwindungen in Höckern enden. Im Malm, weltweit. (K)

Pectinatites (M). Wird über 12 cm groß. Die Windungen sind subevolut, die vielen starken Rippen gabeln ventralwärts auf. Im Oberjura Europas, der UdSSR und Grönland; Fundstück aus Oxfordshire, England. (K)

Baculites. Das bis zu 2 m lange, gestreckte und windungslose Gehäuse ist nur im Jugendstadium gekrümmt. Meist werden nur Bruchstücke gefunden. Auf der Ventralseite sitzen Rippen und Knötchen, während die Öffnung eine dorsale Erweiterung (Rostrum) aufweist. Weltweit in Schichten der Oberkreide; Fundstück aus Süddakota, USA. (K)

Hamites. Windungslose Gattung, bei der aber der erste Windungsteil offen gekrümmt ist. Zwei bis drei fast ungewundene Abschnitte sind über scharfe Kurven verbunden. Kreisrunder bis ovaler Querschnitt; starke Rippen. Aus der Unterkreide Europas, Asiens, Nordamerikas und Afrikas. (K)

Kosmoceras. Die involute Schale wird bis 6 cm groß und ist auf den Rippen mit Knötchen und Dornen verziert; flache Ventralseite. Die Gattung liefert klassische Beispiele von Dimorphismus: der abgebildete, kleine Mikroconch zeigt die typischen ‚Öhrchen' in der Öffnung; der Makroconch hat keine und ist einfacher strukturiert. Weltweit im oberen Dogger. (K)

Quenstedtoceras (m). Die Mikroconch-Form wird bis 6 cm groß. Die subevolute Schale trägt Sichelrippen. Bei vollständig erhaltenen Formen ist die Öffnung als Rostrum ausgebildet. Der Makroconch ist viel größer und schlichter skulpturiert. Weltweit im mittleren und oberen Jura. (K)

Cardioceras. Die subevolute bis involute Schale wird bis 5 cm groß. Die vielen kräftigen Rippen gabeln an Wärzchen ventralseits auf; gezopfter Kiel. Weltweites Auftreten im Malm. (K)

Laevaptychus. Zweiklappiges Objekt in Wohnkammern von Ammoniten, vermutlich zum Verschließen der Wohnöffnung. Ihre genaue Funktion wurde schon oft kontrovers diskutiert; heute stellt man die Aptychen zum Freßapparat. Weltweit in Juraschichten; Fundstück aus Cambridgeshire, England. (K)

Pavlovia. Gattung mit rundem Windungsquerschnitt und evoluter bis involuter Windungsform. Die starken Rippen gabeln ventralwärts auf. Das Fundstück mißt 10 cm im Durchmesser. Im oberen Jura von Europa, Grönland und der UdSSR. (C)

Titanites. Wie der Name vermuten läßt, erreicht *Titanites* Größen von über einen Meter. Die Rippen gabeln sich auf der äußeren Windung und sind umlaufend. Evolute Windungsform. Im oberen Jura von Nordeuropa, Grönland, Kanada und der UdSSR. (SW)

Mantelliceras. Typisch ist die mäßig involute Schale mit den starken Rippen, die auf der Ventralseite Knoten tragen. Das Fundstück ist 8 cm groß und stammt aus der nordfranzösischen Kreide. Ferner in Nordafrika, Indien, Südostasien, Texas und Brasilien. (JM)

Turrilites. Anders als die meisten Ammoniten, hat er ein spiralig-schraubenförmig aufgerolltes Gehäuse. Die plumpen Rippen münden in dicke Knoten. Weltweite Verbreitung; Fundstück aus der Oberkreide Südenglands, 6 cm lang. (K)

Unterklasse Coleoidea

Diese Gruppe umfaßt acht- und zehnarmige Tintenfische und die ausgestorbenen Belemnitiden (Belemniten). Viele haben ein Innenskelett, andere keines. Wegen ihres auffälligen und sehr harten Rostrums sind die Belemniten bekannte Fossilien.

Ordnung Belemnitida

Es waren tintenfischartige Tiere mit Tentakeln, Augen und einem Tintenbeutel; sie lebten vom Unterkarbon bis ins Tertiär. Das typische, zigarrenförmige Rostrum war ihr Innenskelett, das eine Länge zwischen 2 und 20 cm erreichte. Selten fossil liegt das gekammerte Gehäuse vor, eine kegelförmige Schale am Ende des Rostrums.

Cylindroteuthis. Großer Belemnit mit spitzem Ende und langer Furche unterseits. Nahe der Spitze seitlich leicht abgeflacht. Im mittleren bis oberen Jura von Europa, Nordamerika und Grönland; Fundstück Insel Skye, Schottland. (K)

Passaloteuthis. Mittelgroßes, geschoßförmiges Rostrum mit rundem Querschnitt. Nicht ganz scharfe Spitze. Weltweit im unteren Jura. (K)

Actinocamax. Mittelgroßes, schlankes Rostrum, oft mit Gefäßabdrücken. Auch mit eckigem Querschnitt. Kurze, ventral gelegene Furche, Riefen. In der Oberkreide von Europa, Asien und Grönland. (K)

Belemnitella. Zylindrisches Rostrum von mittlerer Größe mit Riefen auf der Dorsalseite, die nahe der Spitze divergieren. Gefäßabdrücke sind oft erhalten. Aus der Oberkreide von Europa, Asien, Grönland und Nordamerika. (K)

Acrocoelites. Ein Belemnit aus dem unteren Jura von Europa und Nordamerika. Diese Schichtfläche ist fast völlig mit Rostren dieser Gattung übersät, die nach der einstigen Strömungsrichtung eingeregelt sind. (L)

Acrocoelites

Klasse Gastropoda

Diese Molluskenklasse hat als Merkmal oft ein schraubenspiraliges Gehäuse. Manche Gruppen haben auch nichtgedrehte, kegelige Gehäuse und wieder andere sind schlicht nackt (Nacktschnecken). Der längliche Weichkörper besteht aus einem großen Kopf- und einem flachen Fußteil. Charakteristisch für die Gastropoda ist die asymmetrische, meist rechtssinnige Drehung des Weichkörpers, wodurch die Nervenstränge überkreuz kommen. After und Mantelhöhle geraten dabei gegen den Uhrzeiger nach vorne und liegen dadurch höher als der Kopfteil. Sie sind die artenstärksten Mollusken und tauchen schon im Kambrium auf. Gegenwärtig sehr zahlreich, bewohnen sie Meer- und Binnengewässer sowie das Land.

Tentaculites

Paläozoische Gastropoda

Maclurites. Sie wird bis 30 cm groß. Die Schale weist eine streng konvexe Oberseite auf, während die Unterseite flach ist. Der Nabel liegt tief und ist steilrandig. Wachstumsstreifen sind sichtbar. Die Gattung kommt in Europa, Nordostasien und Nordamerika vor, während das Fundstück aus dem Ordovizium Grönlands stammt. (K)

Bellerophon. Größe bis 10 cm, mit breiter, runder, bilateral symmetrischer Schalenform und engem Nabel. Die Öffnung ist aufgeweitet und geschlitzt. Wachstumsstreifen sind deutlich sichtbar, um die Windungsrücken läuft ein Wulst. Vom Silur bis in die Trias, weltweit. (K)

Poleumita. Die Schale wird bis 4 cm groß, ist oberseitig abgeplattet und trägt zahllose dunne Lamellen und kleine Dornen. Im Silur Europas und Nordamerikas; Fundstück aus silurischen Schichten von Shropshire, England. (K)

Straparollus. Sehr variable Schalenform von hochspiralig bis wesentlich flacher. Die Schale ist viel glatter als bei *Poleumita*. Die Gattung tritt vom Silur bis ins mittlere Perm weltweit auf; dieses Fundstück kommt aus dem Unterkarbon von Derbyshire, England. (K)

Murchisonia. Die Schale bildet eine bis 5 cm hohe Spirale mit vielen Windungen, die bis auf Wachstumsstreifen kaum ornamentiert ist. In Gesteinen des ordovizischen bis triassischen Alters in Europa, Nordostasien, Südostasien, Australien und Nordamerika. (K)

Mourlonia. Marine Gattung mit maximal 4 cm hohem Gehäuse. Windungen mit Spiralbändern verziert. In Schichten des Ordoviziums bis Perms, weltweit. (C)

Tentaculites. Diese häufigen, schlanken, spiraligen Fossilien gehören wahrscheinlich zu den Mollusken und werden zu den Pteropoda gestellt, einer pelagischen Gastropodengruppe mit nur 2 cm hohen, heute lebenden Vertretern. Die Gehäuse im Bild sind 1 cm hoch und stammen aus dem Silur. In altpaläozoischen Gesteinen, weltweit. (D)

Mourlonia

Symmetrocapulus
Discohelix
Conotomaria
Pseudomelania
Bourguetia
Pleurotomaria
Pseudomelania

Mesozoische Gastropoda

Pseudomelania. Sehr hohes Spiralgehäuse, das häufig als Steinkern erhalten bleibt; mit langgezogener Spitze und einem leichten Rücken auf jeder Windung. Aus dem Oberjura von Europa. (K)

Pleurotomaria. Flache Spirale mit breiter Basis. Maximale Höhe 12 cm. Öffnung mit hohem Schlitz am oberen Außenrand. Ornamentiert mit Knoten, Spiralbändern und Wachstumslinien. In Schichten des unteren Jura bis zur Unterkreide; weltweit. (K)

Conotomaria. Die konische Schale wird bis 15 cm hoch und trägt umlaufende Spiralbänder. Die Windungen sind ziemlich flach, ebenso die Schalenbasis. In Gesteinen des mittleren Jura bis ins Paläozän, weltweit. (K)

Symmetrocapulus. Mittelgroße Schale mit kappenartiger Form. Ornamentiert mit radialen Rippen und konzentrischen Falten. In Schichten des Jura und der Kreide Europas. (K)

Discohelix. Kleine bis mittelgroße Gattung. Die Windungen sind fast quadratisch und überlappen kaum. Die scheibenförmige Schale ist mit Spiralbändern und Knotenreihen verziert. Weltweite Verbreitung in Schichten der mittleren Trias bis in die Oberkreide. (K)

Bourguetia. Große, hohe Gattung mit schwerer Schale. Die Windungen laufen auf einen spitzen Punkt zu. Die Schale ist bis auf Wachstumslinien glatt. Im mittleren bis oberen Jura Europas. (CP)

Kreide- und Tertiär-Gastropoda

Conotomaria gigantea. Sehr große Schnecke von ca. 15 cm Höhe. Die vielen Windungen der kegelförmigen Schale sind mit Spiralbändern verziert. Weltweit ab dem mittleren Jura bis ins Paläozän. (K)

Sycostoma. Mittlere bis große Gattung, maximal 7 cm hoch. Gegenüber der großen Öffnungswindung wirken die restlichen Windungen klein. Glatte Schale mit Rippen im unteren Teil. Weltweite Verbreitung von der Oberkreide bis ins Oligozän. (K)

Cerithium. Kleine, längliche Kegelschale mit vielen Windungen, bis 3 cm hoch. Wachstumsstreifen sind sichtbar. Weltweit in Schichten ab der Oberkreide bis rezent. (K)

Clavilithes. Schlanke Gattung von maximal 15 cm Höhe. Die Schale weist einen langen Sipho (ein schmaler, geschlitzter Kanal an der Öffnung) auf, und die Windungen sind abgestuft. Die Spitze ist etwas verbreitert, die Schale ist glatt bis auf Wachstumslinien. Ab dem Paläozän bis ins Pliozän von Europa, Nordafrika und Asien. (K)

Gyrodes. Die bis 5 cm hohe Schale hat eine kugelige Form mit einem offenen Nabel. Sie trägt zurückbiegende Wachstumslinien und eine Knotenreihe nahe der Naht zwischen den Windungen. Weltweit in Kreideschichten. (K)

Cornulina. Erreicht 10 cm Höhe. Die Schale ist stark mit Knoten und Dornen verziert. Ab der großen Endwindung verjüngen sich die die anderen Windungen sehr rasch. Die Öffnung ist geschlitzt. Weltweite Verbreitung ab dem Miozän bis zur Gegenwart. (K)

Galba
Volutocorbis
Potamoides
Murex
Strombus
Crucibulum
Crucibulum

Globularia

Turritella

Hippochrenes

Planorbis

Tertiär-Gastropoda

Murex. Das dickschalige Gehäuse wird bis 10 cm hoch und ist mit Rippen und Dornen verziert. Die Windungen nach der großen Endwindung erzeugen eine relativ flache Schale. Die Öffnung ist in Relation zur Gehäusegröße klein. Weltweite Verbreitung ab dem Miozän bis in die Gegenwart. (K)

Strombus. Die robuste, dicke Schale wird bis 15 cm hoch und ist mit Dornen bewehrt. Die Windungen bilden einen Kegel mit einer großen Endwindung. In Schichten ab dem Eozän bis rezent, Europa; Fundstück aus pleistozänen Schichten Siziliens. (K)

Crucibulum. Mittelgroße Schale mit einer Höhe von ca. 5 cm. Sie ist kegelförmig und hat eine weite Öffnung. Von der Spitze aus verlaufen starke Rippen. Die Gattung tritt ab dem Miozän bis rezent in Europa, den Westindischen Inseln und Nordamerika auf; das Fundstück stammt aus miozänen Schichten Virginias. (K)

Volutocorbis. Die Schale erreicht eine Maximalgröße von 5 cm. Die große Endwindung verjüngt sich rasch zu einem spitzen Punkt. Die runden Windungen sind mit Spiralbändern verziert, was den Eindruck einer Gitterstruktur ergibt. In Schichten ab der Oberkreide bis rezent in Europa; Fundstück aus dem Oligozän von Hampshire, England. (K)

Galba. Sie erreicht eine Höhe von maximal 7 cm und hat eine dünne, elegant wirkende Schale. Die Windungen sind konvex und tragen außer Wachstumsstreifen keine Ornamente. Tritt ab dem Oberjura bis heute in Europa auf. (K)

Potamoides. Ihr schlankes, 5 cm hohes Gehäuse trägt eine reiche Ornamentierung in Form von Dornen, Rippen und Wachstumslinien und läuft gleichmäßig spitz zu. In Europa und Asien ab der Oberkreide bis zur Gegenwart; das Fundstück kommt aus dem Miozän Frankreichs. (CP)

Hippochrenes. Die große Endwindung dieser eleganten Meeresschnecke mündet als große Außenlippe in Form eines Lappens, der in der Öffnung mit dem langem Sipho verschmilzt. Die vielen Windungen laufen spitz zu. Sie wird 15 cm hoch und tritt im Eozän von Eurasien auf. (HST)

Turritella. Lange, schlanke Windungen mit Spiralskulptur sind typisch für diese artenreiche Gattung. Die vielen Windungen überlappen kaum und münden in einer einfachen Öffnung. Sie wird bis 5 cm hoch und tritt ab der Kreide weltweit auf. (C)

Planorbis. Namengebend ist die Art der Windungen in Form einer flachen, ebenen Spirale mit leichten Wachstumsstreifen. Der Nabel ist weit. *Planorbis* wird bis 5 cm groß und tritt in Schichten ab dem Oligozän bis in die Jetztzeit weltweit auf. Als eine im Süßwasser lebende Gattung ist sie ein wichtiger Lebensraumanzeiger. (C)

Globularia. Die Endwindung dieser 5 cm großen Schnecke ist groß und rund und verjüngt sich rasch zu einem Gewinde mit feiner Spitze. Sie findet sich in Schichten des Eozäns und Oligozäns Europas. (C)

Mactromya
Plagistoma
Plagistoma
Gryphaea arcuata
Gryphaea dilatata
Myophorella
Lopha
Gryphaea giganteum
Hippopodium
Pseudopecten

Carbonicola

Dunbarella

Anthraconauta

Klasse Bivalvia

Diese Gruppe von Mollusken besitzt zwei sich oft sehr ähnelnde Klappen, so daß zwischen ihnen eine Symmetrieebene verläuft. Zu den bekannten Bivalven zählen Auster, Herzmuschel, Miesmuschel und Kammmuschel. Auf den ersten Blick sind sie den Brachiopoden (S. 132) sehr ähnlich, doch beim genauen Hinsehen wird schnell klar, daß sich beide Klassen stark unterscheiden. Der Körperaufbau ist anders angelegt, und selbst die Klappen der Brachiopoden unterscheiden sich voneinander. Die Klappen der Bivalven werden von einem elastischen, hornartigen Band, dem Ligament, nahe den beiden Wirbeln zusammengehalten. Ein Schließmechanismus aus Zähnen und korrespondierenden Gruben, der in Anzahl und Form von Art zu Art variiert, ist ein wichtiger Bestimmungsteil. Öffnen und Schließen der Klappen erfolgt durch ein oder zwei Schließmuskeln und dem Ligament als Scharnier. Letzteres sperrt die Klappen auf, wenn die Muskeln erschlaffen, die ihrerseits die Klappen aktiv schließen können. Lage und Größe der Muskeln sind an den beidseitig vorhandenen ovalen Muskelansatzpunkten der Klappen erkennbar. Deren Verbindungslinie, die Mantellinie, bezeichnet die Grenze, bis zu der der Mantel des Weichkörpers, der letztlich die Kalkschale ausscheidet, mit der Schale verwachsen war. Hat die Mantellinie eine Einbuchtung, so wird sie als sinupalliat bezeichnet. Die Anwesenheit einer solchen Einbuchtung verrät, daß das Tier eine grabende Lebensweise hatte, da der Sinus die Lage der Retraktionsmuskeln markiert, die für das Einziehen der langen Siphonen, wie sie Grabmuscheln haben, zuständig waren. Die meisten Bivalven haben zwei Siphonen: einen Atem- und einen Aftersipho, d.h. einen, mit dem sie Wasser, Luft und Nährstoffe einsaugen, den anderen zur Ausscheidung.
Bivalven leben im Meer, im Brackwasser und im Süßwasser. Viele sind fest am Boden verankert, manche graben sich mit ihrem muskulösen Fuß ins Sediment ein, andere leben auf dem Meeresboden oder vermögen mittels Zusammenschlagen ihrer Klappen sogar zu schwimmen. Ihre Länge liegt meist zwischen 0,5 und 10 cm, die größten Muscheln erreichen stolze 1,50 m Länge! Bivalvenfossilien kennen wir seit dem Kambrium.

Paläozoische bis mesozoische Bivalvia

Gryphaea. Drei Arten sind abgebildet:
G. arcuata wird bis 10 cm lang und ist ungleichklappig. Die rechte Klappe ist flach oder konkav, die linke ist größer und hat einen eingerollten Wirbel. Die linke Klappe ist seitlich verdickt. Die starken Wachstumslinien sind das hervorstechenste Ornament. Im unteren Jura weltweit verbreitet. (CP)
G. dilatata ist länger, größer und rundlicher als *G. arcuata*. Die Schale hat dicke Wachstumslinien. Das Fundstück stammt aus dem Oberjura von Calvados, Frankreich. (K)
G. giganteum trägt eine große runde Schale mit einer stark konkaven rechten Klappe und konvexen linken. Der Umriß ist fast kreisrund. Wachstumslinien sind auf der dicken Schale sichtbar. Fundstück aus dem Unterjura von Gloucester, England.
Die Gattung tritt von der oberen Trias bis in den Oberjura weltweit auf. (K)

Lopha. Kleine bis mittelgroße Auster mit einer Länge bis zu 10 cm. Die dicke Schale ist stark gerippt, und die konvexen Klappen sind am Rand gezackt. Von der Trias bis heute in weltweiter Verbreitung. (K)

Hippopodium. Die mittlere bis große, dicke Schale besteht aus schweren, gleichen Klappen mit kräftigen Wachstumslinien und einer zarten Falte neben den Wirbeln. In Schichten des Unterjura von Europa und Ostafrika. (K)

Pseudopecten. Große Gattung mit Klappen bis zu 20 cm Größe. Die Schale hat einen runden Umriß mit spitzen Wirbeln und kräftigen Radialrippen. Wachstumslinien sind vorhanden. Auf der Innenseite findet sich je ein starker Muskeleindruck. *Pecten* (Kamm-, Jakobsmuschel) ist eine der wenigen Muscheln, die durch Zusammenschlagen ihrer Klappen freischwimmend sind. Im Jura Europas, Südamerikas und der Karibik. (K)

Plagiostoma. Die nur durch Wachstumsstreifen ornamentierte, glatte Schale wird bis 12 cm groß. Die Vorderseite ist gerade, sonst ist sie gekrümmt. Das Hinterende ist rundlich. Nahe den Wirbeln ist eine Vertiefung. Von der Mitteltrias bis zur Kreide; weltweit. (K)

Myophorella. Die Schale wird bis 10 cm groß und hat eine Kreisdreiecksform mit nach innen weisenden Wirbeln. Die dicken Klappen sind mit Knotenreihen herrlich skulpturiert. In Schichten von Unterjura bis Unterkreide; weltweit. (K)

Mactromya. Die mittelgroße Schale mit ovalem Umriß hat zahlreiche Wachstumslinien. Die Wirbel sind gegeneinander stark eingerollt. An der Hinterseite hat diese Grabmuschel eine große Lücke. In Sedimenten des Unterjura Europas und Nordafrikas. (K)

Dunbarella. Marine Gattung, die oft in denselben karbonischen Schichten wie *Goniatites* auftritt. Sie ist dünnschalig mit zarten Rippen und Wachstumsstreifen. Die Gesamtform ähnelt der der *Pecten*. In Europa und Nordamerika. (S)

Carbonicola. Kleine Gattung von 6 cm Größe. Der Wirbel ist vorwärts gerichtet; die Wachstumslinien folgen dem Klappenumriß. Sie lebt im nichtmarinen Bereich und ähnelt der rezenten Gattung *Unio*. Sie war nicht ortsfest und bewegte sich vermutlich durch den Bodenschlamm. In Schichten des Oberkarbon von Europa und der UdSSR. (S)

Anthraconauta. Diese Schichtfläche oberkarbonischer Sedimente ist bedeckt mit Klappen dieser nichtmarinen Gattung. Sie dient neben anderen Gattungen zur Korrelation kohleführender Schichten. Sie kommt vom Oberkarbon bis ins Perm in Westeuropa und der UdSSR vor. (S)

Schizodus

Schizodus. Kleine bis mittelgroße Gattung, bis 5 cm groß. Die glatte Schale ist eiförmig und nach hinten etwas ausgelängt. Weltweite Verbreitung im Karbon und Perm. (K)

Mesozoische Bivalven

Gervillella. Die schlanke, nach hinten stark gestreckte Schale wird bis 20 cm lang. Die scharfen Wirbel tragen hinten kurze spitze Ohren. Faserige Ligamentgruben und Wachstumslinien sind vorhanden. Von der Trias bis Kreide weltweit verbreitet. (K)

Eoradiolites. Konische bis röhrenförmige Schale mit gerippter Ornamentierung, von der die rechte Klappe befestigt ist. Sie wird bis zu 5 cm groß. Diese bizarre Muschel findet sich in Kreideschichten von Europa, Afrika und Asien; das Fundstück kommt aus Iowa, USA. (K)

Hippurites. Eine weitere röhrenförmige Gattung mit bis zu 12 cm Durchmesser. Die rechte Klappe ist fest, während die linke wie ein Deckel oben aufsitzt. Auf den ersten Blick ähnelt *Hippurites* auch einer Koralle. In Schichten der Oberkreide von Europa, Nordafrika, Südostasien; das Fundstück stammt aus Nordfrankreich. In den Alpen in Gosauschichten. (K)

Inoceramus. Die konvexe Schale wird 12 cm lang und trägt große konzentrische Rippen und Wachstumsstreifen. Die Wirbel haben oft große Ohren. Weltweit von Jura bis Kreide. (K)

Spondylus. Die Schale wird 12 cm lang und hat einen geraden Schloßrand und zierliche, spitze Wirbel. Nahe der Wirbel befindet sich eine Querstreifung und starke Radialrippen, die meist bedornt sind, laufen von ihnen zum Klappenrand. Weltweit verbreitet, in Schichten ab dem Jura. (JHF, HST).

Modiolus. Sie wird bis 22 cm lang und ähnelt der bekannten Miesmuschel, nur sind manche Arten davon etwas länglicher. Sie hat viele Wachstumslinien und ein langes Ligament. In Schichten ab dem Devon weltweit auftretend. (K)

Lopha. Typisch sind die vielen starken Rippen und, in diesem Beispiel, die relativ schmale Schalenform. Eine Klappe ist konvex, die andere konkav. Weltweit ab der Trias bis zur Gegenwart; das Fundstück stammt aus der Kreide Nordfrankreichs. (K)

Lima. Die fast dreieckige Schale hat einen kurzen Schloßrand und leicht konvexe Klappen, die Wachstumsstreifen zeigen. Die Rippen tragen kleine scharfe Knoten. Seitlich der Wirbel sind kleine Ohren. Ab dem Jura bis rezent in weltweiter Verbreitung. (K)

Pholadomya. Sie erreicht eine maximale Größe von 12 cm. Die Klappen sind länglich oval, konvex in der Form und haben eine Mantelbucht. Sie hat runde Wirbel. Die Mantellinie weist eine tiefe Einbuchtung auf, was typisch ist für Grabmuscheln. Weltweit in Schichten ab der oberen Trias. (K)

Nuculana. Eine kleine Gattung von nur 2 cm Länge. Die etwa dreieckige Silhouette ist

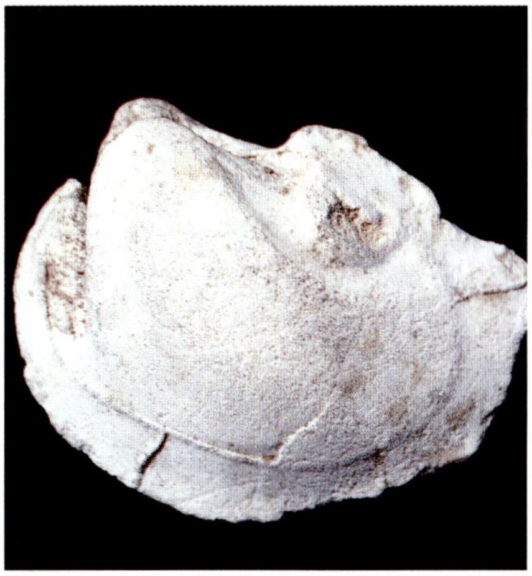

Laevitrigonia

nach hinten zugespitzt. Wachstumslinien sind die einzigen Ornamente. Häufig in Schichten des unteren Jura, jedoch weltweit verbreitet ab der Trias bis heute. (K)

Tertiäre Bivalven

Venericardia. Die dicke und schwere Schale erreicht eine Größe von 15 cm. Beide Klappen sind konvex und haben Wachstumsstreifen und Radialrippen. Im linken Beispiel sieht man die Muskeleindrücke und zwei kräftige, gekrümmte Zähne im schweren Schloß. Der Klappenrand ist gerunzelt. Häufig in Schichten ab dem Paläozän bis Eozän von Europa, Afrika und Nordamerika. (K)

Arctica. Sie wird 10 cm groß, hat eine runde Umrißform und runde, erhabene Wirbel. Die Schale hat glatte Ränder und konzentrische Wachstumslinien. Man sieht drei große zentrale Zähne und lange laterale Zähne. Die Mantellinie hat keine Einbuchtung zwischen den Muskeleindrücken. Ab der Kreide in Schichten Europas und Nordamerikas. (K)

Teredo. Bohrmuschel (Holz) mit extrem kleine Schale. Rechts unten ist eine Masse von *Teredos* aus dem eozänen London-Ton, links oben sind zwei calcifizierte Bohrmuscheln aus dem Miozän Virginias abgebildet. Die runden Bohrlöcher enthalten im Innern oft fossile Schalen dieser Tiere. Weltweites Auftreten ab dem Eozän bis heute. (K)

Corbicula. Kleine bis mittelgroße Muschel von 3 cm Größe und fast ovalem Umriß. Die Wirbel biegen nach vorne um. Feine Rippen überziehen sonst glatte Klappen. Weltweit verbreitet ab der Unterkreide bis rezent. (K)

Laevitrigonia. Als Steinkern konservierte Muschel mit deutlich sichtbaren Muskeleindrücken und der sie verbindenden Mantellinie. Die Klappe ist sehr ungleichseitig, hat einen erhabenen Wirbel und ist nach hinten ausgelängt. Das Fundstück ist ca. 5 cm groß und kommt aus dem oberen Jura Südenglands. In Schichten des Oberjura von Europa, Nahem Osten, Asien und Ostafrika. (C)

Protocardia. Diese kleinen Muscheln sind aus dem Gestein herausgewittert und zeigen einen herzförmigen Querschnitt. Sie werden 8 cm lang und treten in der Oberkreide von Europa, Afrika und beiden Amerika auf.

Teredo

Corbicula

Venericardia

Arctica

Teredo

Protocardia

Brachiopoden

Stamm Brachiopoda

Diese Schalentiere sind häufig fossil erhalten; besonders während des Paläo- und Mesozoikums hatten sie einen großen Anteil an der Meeresbodenfauna. Heute sind sie weit weniger präsent als in jenen Zeiten.

Schon im Kambrium erscheinen sie in beachtlicher Artenzahl und entwickeln sich rasch zu einer sehr erfolgreichen Gruppe, die in fast allen Habitaten des Meeres siedelt. Einige graben sich in den Meeresbodenschlamm ein, andere haften an Felsen. Im Mittel sind die Brachiopoden zwischen 0,5 und 8 cm groß und erreichen ein Maximum von 37 cm.

Aufgrund der beiden Klappen ähneln sie auf den ersten Blick den Bivalven, den Muscheln. Allerdings sind es zwei völlig voneinander verschiedene Klappen. Die Stielklappe ist generell größer als die Armklappe und hat am hinteren Ende ein Loch, das Foramen, durch das der Stiel hindurchgeht und mit dem sich das Tier am Boden verankert. Die kleinere Armklappe enthält ein stammtypisches Organ, den Lophophor; es ist ein Kranz von Tentakeln, die bilateral symmetrisch angeordnet sind und mit denen der Brachiopode Nahrung durch die vordere Öffnung herbeistrudelt und aus dem Wasser ausfiltert. Ein fleischiger Mantel kleidet das Klappeninnere aus, enthält die weichen Organe und scheidet das Kalkskelett des Tieres aus. Diese Details kennt man von lebenden, rezenten Brachiopoden. Bei fossilen Arten sind es andere Merkmale, die der Identifizierung dienen, etwa die Klappeninnenseite mit Muskelansatzpunkten. Andere Gattungen stützen ihre Lophophoren mit einem kalkigen Armgerüst, dem Brachidium, das oft mit fossilisiert wird und der Erkennung dient. Zwei Klassen werden unterschieden: die Inarticulata mit Muskulatur, aber ohne Schließmechanismus der Klappen, und die Articulata mit einem komplexen Muskelsystem und Schloß, das sie die eine Klappe relativ zur anderen bewegen läßt.

Brachiopoden. Sehr häufige Fossilien in Schichten des Altpaläozoikums, die z.B. 75 Prozent aller Meeresbodenfossilien des Silurs ausmachen. Gut erhaltene Exemplare finden sich in Kalksteinen und Tonschiefern ehemaliger Schelfgebiete. Auf dieser Schichtfläche aus Shropshire liegt links im Bild ein Brachiopode der Gattung *Leptaena*, während im rechten Teil kleinere *Orthis* zu sehen sind. Außerdem sind Reste von Crinoiden, Korallen und Bryozoen zugegen.

Kambrische und ordovizische Brachiopoden

Lingulella. Eine Gattung der Inarticulaten, die ausgewachsen 3 cm breit wird. Fast ovale Schale mit vielen feinen Wachstumsstreifen. Vor der Einbettung ins Sediment spreizen die beiden Klappen oft auf. *Lingulella* grub sich in den Meeresboden ein und verankerte sich am Ende ihrer Grabröhre mit Hilfe ihres

langen Stiels. Diese Gattung lebte vom Kambrium bis ins Ordovizium und trat weltweit auf; das Handstück stammt aus Wales. (K)

Rafesquina. Ausgewachsen 3 bis 4 cm breit. Die Schale hat eine konvexe Stiel- und eine konkave Armklappe, eine lange Schloßlinie und zeigt einen halbkreisförmigen Umriß. Radialrippen auf den Klappen und kleinem Foramen auf der Stielklappe. Weltweit im Ordovizium verbreitet; das Fundstück ist aus dem oberen Ordovizium von Ohio. (K)

Plaesiomys. Ausgewachsen bis 3 cm breit. Die Stielklappe ist konvex, die Armklappe konkav. Der Schalenumriß ist insgesamt halbkreisförmig; dünne Rippen gehen strahlenförmig vom Wirbel aus. Weltweit in ordovizischen Schichten. Das Fundstück ist aus Iowa, USA. (K)

Platystrophia. Die Schale erreicht eine Größe von 5 cm und weist einen eckigen Umriß auf. Die Armklappe trägt einen starken Wulst, die Stielklappe einen Sinus (Furche). Scharfkantige Rippen strahlen vom Wirbel aus. Weltweite Verbreitung zwischen Ordovizium und Silur; diese Stücke stammen aus Indiana, USA. (K)

Glyptorthis. Die eckige Schale wird ausgewachsen nur bis 2 cm groß. Rippen und Wachstumslinien sorgen für eine reiche Ornamentierung. Weltweites Auftreten in Sedimenten des Ordoviziums und Silurs; die Stücke stammen aus Ohio, USA. (K)

Orthis. Erwachsene Tiere werden 2 cm groß; die Schale ist halb- bis fast kreisförmig und hat eine kurze Schloßlinie. Die Stielklappe ist konvex, die Armklappe ebenfalls konvex bis eben. Kräftige Rippen mit scharfem Kamm strahlen vom Wirbel aus. In ordovizischen Sedimenten weltweit verbreitet. (K)

Silurische und devonische Brachiopoden

Shaleria. Die gerade Schloßlinie wird bis 2,5 cm lang. Der Schalenrand wölbt sich über das Schloß und zahlreiche Radialstrahlen überziehen die Klappen. Im Silur der Nordhalbkugel der Erde; das Handstück kommt aus Gotland, Schweden. (K)

Protochonetes. Die gerade Schloßlinie wird bis 2 cm lang. Die Schale hat einen halbkreisförmigen Umriß und wird von vielen kleinen und feinen Rippen verziert. Weltweite Verbreitung im Silur; das Handstück stammt aus Shropshire, England. (K)

Salopina. Nur 0,5 cm groß wird diese Gattung mit rundem Umriß und spitzem Wirbel, deren Schale mit feinen Rippen und Wachstumsstreifen verziert ist. Sie tritt im europäischen Silur auf. Beide, *Salopina* und *Protochonetes*, sind Teil desselben Handstücks. (K)

Gypidula. Sie hat eine fast kugelige Gestalt und wird 4 cm groß. Der auf der Stielklappe liegende Wirbel ist stark abstehend. Einige Rippen verzieren die Ventralseite. Weltweite Verbreitung während Silur und Devon. (K)

Eospirifer. Die maximale Größe beträgt 12 cm, die gerade Schloßlinie ist aber kürzer. Auf der Stielklappe ist ein kleiner Sinus, auf der Armklappe ein Wulst, der mit der Furche der Stielklappe korrespondiert. Der Wirbel der Stielklappe ist sehr ausgeprägt, die Ornamentierung besteht aus vielen rundlichen Rippen und konzentrischen Wachstumsstreifen. Weltweit im Devon verbreitet; die Funde sind aus dem kanadischen Devon. (K)

Mucrospirifer. Erreicht maximal eine Breite von 6 cm, hat eine sehr breite, fast scharfe Schloßlinie und ein kleines Foramen. Die Armklappe hat einen Wulst und die Stielklappe eine Furche, und beide werden von zahlreichen abgerundeten Rippen und Wachstumslinien überquert. Weltweites Auftreten in devonischen Sedimenten; die Stücke stammen aus dem Devon von Hamilton, USA. (K)

Kalksteinbruch

Karbonische Brachiopoden

Productus. Die bis 4 cm große Schale besteht aus einer extrem konvexen Stielklappe sowie einer konkaven oder ebenen Armklappe. Sie trägt einfache Rippen, wellige Wachstumslinien und eine kurze, gerade Schloßlinie. In karbonischen Sedimenten Europas und Asiens; das Fundstück stammt aus Derbyshire, England. (K)

Lingula. Inarticulater Brachiopode, der maximal 3 cm groß wird. Die gleichklappige Schale hat eine fast ovale Umrißlinie sowie sehr feine Rippen und Wachstumsstreifen. Für ihre grabende Lebensweise besitzt *Lingula* einen langen Stiel, um sich in der Grabröhre zu verankern. Sie ist eines der ältesten ‚lebenden Fossilien', die schon seit dem Ordovizium bis heute weltweit zu finden ist. Fundstücke aus Northumberland, England. (K)

Pugnax. Ausgewachsen bis 3 cm breite Schale. Die Schale hat eine kugeldreieckige Form mit einem Wulst in der Arm- und einer großen Furche in der Stielklappe. Feine Rippen überqueren die Schale. Vom Devon bis ins Karbon in ganz Europa auftretend. (K)

Pugilis. Mittlere bis große Gestalt, maximal 8 cm groß. Die Schloßlinie ist gerade. Die Schale wird von Rippen und Wachstumsstreifen verziert. Die Stielklappe ist konvex bis zum Wirbel gekrümmt und kann bedornt sein. Im Karbon verbreitet. (K)

Imbrexia. Die Schloßlinie wird bis etwa 8 cm breit. Der Wirbel biegt über die Schloßlinie nach vorne um; die Klappen schmücken zahlreiche Rippen. Weltweit verbreitet in unterkarbonischen Sedimenten. (K)

Spirifer. Ausgewachsen wird die Schale 12 cm breit. Die Schloßlinie ist sehr breit, das Foramen dagegen sehr klein. Die Stielklappe trägt eine Furche, die Armkappe einen Wulst. Der Wirbel auf der Stielklappe ist deutlich; zahlreiche Rippen und Wachstumslinien. Weltweite Verbreitung; die Stücke stammen aus dem Karbon von Derbyshire, England. (K)

Pustula. Diese Gattung erreicht eine Breite von 12 cm und ähnelt *Productus* in vielen Belangen. Die Schloßlinie ist gestreckt, und schwache Rippen und Wachstumslinien zieren das Gehäuse. Die Stielklappe ist konvex, die Armklappe flach. Verbreitet in karbonischen Sedimenten Europas; Fundstück aus Staffordshire, England. (K)

Davisiella. Die robuste Schale besteht aus einer konvexen Stiel- und einer flachen Armklappe und erreicht etwa 12 cm Breite. Feine Rippen überqueren das Gehäuse, Wachstumsstreifen sind jedoch kaum erkennbar. In karbonischen Sedimenten Europas auftretend; das Fundstück stammt aus Nordwales. (K)

Schizophoria. Ausgewachsen maximal 5 cm breit. Die Gestalt ist bikonvex, wobei die Stielklappe eine Furche, die Armklappe einen Wulst trägt. Zahllose kleine Rippen. Weltweite Verbreitung in karbonischen und permischen Schichten; das Stück kommt aus dem Karbon Frankreichs. (K)

Unispirifer. Mittelgroße bis große Schale, deren Schloßlinie bis 12 cm breit werden kann. Die Schale ist bikonvex mit vielen

Rhynchonotreta

Rippen, von denen einige aufgabeln. Weltweite Verbreitung in Schichten des Unterkarbons. (K)

Brachythyris. Die Schloßlinie wird weniger breit als die bis ca. 7 cm breite Schale. Die Stielklappe trägt einen deutlichen Wirbel. Die Armklappe ist ebenfalls konvex, während der Klappenrand leicht gefältelt ist. In Schichten des Karbons weltweit auftretend. (K)

Rhynchonotreta. Gattung kleiner dreieckiger Brachiopoden mit starken Rippen, die vom Wirbel ausstrahlen, und kräftig gefalteter Schloßlinie. Im Silur von Skandinavien, England, der CSFR und Nordamerika. (C)

Kalksteinbruch. Dieser künstlich geschaffene Aufschluß in oolithischem Kalken beinhaltet Brachipoden und Mollusken.

Jurassische Brachiopoden

Epithyris. Die bis 3 cm groß werdende Schale hat einen deutlichen Wirbel und ein großes Foramen. Die Armklappe trägt zwei Wülste, die Stielklappe eine Furche. Als Ornamentierung finden sich Wachstumslinien, aber keine Rippen. In Schichten des mittleren Jura von Europa; das Fundstück stammt aus Cotswold Hills, England. (K)

Pseudoglossothyris. Großer Brachiopode, der bis zu 10 cm lang wird. Die Stielklappe trägt einen kräftigen Wirbel mit einem großen Foramen. Die bikonvexe Schale hat einen ovalen Umriß und zeigt konzentrische Wachstumsstreifen. Im mittleren Jura von Europa. (K)

Obovothyris. Ausgewachsen etwa 1,5 cm groß. Der Wirbel der bikonvexen Schale biegt zur Armklappe hin um. Das Foramen ist klein. Auffällig sind die fast pentagonal im Umriß verlaufenden Wachstumslinien; keine Rippen. In Schichten des mittleren Jura Europas. (K)

Sphaeroidothyris. Ein kleiner, etwa 2 cm großer Brachiopode. Die bikonvexe Schale zeigt schwache Wachstumslinien. Tritt in Juraschichten Frankreichs, Deutschlands und Englands auf. (K)

Waltonithyris. Ausgewachsen etwa 3 cm lang. Deutlicher Wirbel auf der Stielklappe, die außerdem zwei Furchen, die durch einen Wulst getrennt sind, trägt. Im Jura von Europa. (K)

Morrisithyris. Das längliche Gehäuse erreicht eine Länge von 6 cm. Das hintere Ende läuft dreieckig zu, während das vordere gefaltet ist und einen tiefen Sinus in der Armklappe hat. In jurassischen Schichten Europas. (K)

Rugitela. Das Tier erreicht eine maximale Größe von 4 cm. Das Gehäuse hat einen fünfeckigen Umriß und ist bikonvex. Der Wirbel ist leicht gekrümmt und hat ein kleines Foramen. Wachstumslinien sind sichtbar. Aus dem Jura von Europa. (K)

Ornithella. Wird maximal 3,5 cm groß. Die Schale ist glatt, im Vorderteil geradrandig und hat einen fünfeckigen Umriß. Der Wirbel ist gekrümmt und hat ein kleines Foramen. Im Jura von Europa verbreitet. (K)

Stenoscisma

Jurassische Brachiopoden

Plectothyris. Er erreicht eine Breite von 3 bis 4 cm. Die fast kreisrunde Schale ist bikonvex. Deutlicher Wirbel; die Stielklappe hat ein Foramen. Der vordere Rand der Schale trägt abgerundete Rippen. In Juraschichten Englands. (K)

Dictyothyris. Ausgewachsen etwa 1,5 cm breit. Der Schalenumriß ist nahezu fünfeckig; die Stielklappe trägt zwei große Furchen. Die Schale ist mit kleinen Rippen und Wachstumslinien verziert. Aus dem Jura von Europa. (K)

Acanthothyris. Die Schale erreicht eine maximale Breite von 1,5 cm und ist fast kreisrund. Sie hat einen kleinen scharfhakigen Wirbel und viele Rippen, die kurze Dornen tragen können. In Schichten des Jura von Europa und Asien; Fundstück aus Somerset, England. (K)

Tetrarhynchia. Ausgewachsen maximal 1,5 cm breit. Die Schale ist fast dreieckig, hat eine konvexe Stielklappe und einen kleinen spitzen Wirbel. Die Rippen sind sehr kräftig und abstehend, der Klappenrand ist stark gezackt. Nahe des Wirbels wird die Schale glatter. In Juraschichten von Europa und Nordamerika. (K)

Goniorhynchia. Die Schale wird bis zu 3 cm breit, ist bikonvex gebaut und mit starken und scharfkantigen Rippen versehen. Der Wirbel ist deutlich und besitzt ein kleines Foramen. In Juraschichten Europas. (K)

Torquirhynchia. Die Schale erreicht eine Größe von 4 cm, ist bikonvex und hat einen fast runden Umriß. Der starke Wirbel hat ein kleines Foramen; grobe, einfache Rippen verzieren das Gehäuse. Im Oberjura westlich der Alpen und in der UdSSR. (K)

Spiriferina. Ausgewachsen 2 bis 3 cm breit. Die bikonvexe Schale trägt große Rippen und hat in der Stielklappe eine Furche und in der Armklappe einen Wulst. Manchmal sind kleine Dornen vorhanden. Weltweite Verbreitung in Schichten der Trias und des Jura; das Fundstück stammt aus Somerset, England. (K)

Eudesia. Die Schale wird bis 2 cm lang, ist fast oval im Umriß und trägt einen kräftigen Wirbel mit einem großen Foramen. Die Rippen sind sehr kräftig und scharfkantig. In jurassischen Sedimenten von Europa, Asien und Nordamerika; das Fundstück kommt aus der Normandie. (K)

Stiphrothyris

Isjuminella. Ein großer, dickschaliger Brachiopode von bis zu 10 cm Breite. Die kugelige Schale ist mit vielen kräftigen Rippen versehen, beide Klappen sind konvex. In Schichten des Jura von Europa und der UdSSR. (K)

Stenoscisma. Diese kleinen Brachiopoden erreichen eine Größe von etwa 2 cm, haben einen spitzen Wirbel und starke Rippen. Sie treten auf ab dem Mitteldevon bis ins obere Perm in Europa; die vorliegenden Steinkerne stammen aus einem Kalksteinriff permischen Alters in der Nähe von Durham, England. (C)

Stiphrothyris. Das vorliegende Exemplar zeigt einige der typischen Brachiopoden-Merkmale. Ganz oben im Bild ist der Wirbel mit dem Foramen (Stielloch) zu sehen. Das geöffnete Gehäuse gestattet einen Blick auf das Armgerüst, das die Lophophoren stützt und sehr wichtig für die Identifizierung von Brachiopoden ist. Mit Hilfe der tentakeltragenden Lophophoren strudelt der Brachiopode Wasser durch die geöffneten Klappen und filtert die Nährstoffe (Mikroorganismen) heraus, die er seinem Verdauungssystem zuführt. Im mittleren Jura von Europa. (K)

Jurassische und kretazische Brachiopoden

Concinnithyris. Die Schale erreicht eine Breite von 4 cm; sie ist glatt und im Umriß fast kreisrund. Beide Klappen sind konvex, der Wirbel hat ein großes Foramen. In Kreideschichten von Europa, Nordamerika und Asien. (K)

Cyclothyris. Er wird bis 3 cm groß. Die Schale ist etwa dreiecksförmig und trägt einen deutlichen Wirbel mit Foramen. Beide Klappen sind konvex und mit vielen Rippen und Wachstumslinien verziert. In Schichten der Kreide von Europa und Nordamerika; die Fundstücke stammen aus Devon, England. (K)

Orbirhynchia. Maximale Größe 1,5 cm. Die Schale hat einen leicht deformierten Kreisumriß und ist kugelförmig. Sie hat Rippen und einen Wirbel mit Foramen. In Kreideschichten von Europa. (K)

Terebratella. Ausgewachsen etwa bis 4 cm lang. Die Schale ist oval im Umriß und bikonvex. Unterhalb des Wirbels ist das kleine Foramen. Die Klappen haben viele feine Rippen, Wachstumslinien sind vorhanden. Weltweit verbreitet in Schichten ab dem Jura bis rezent; Fundstück aus der Kreide Frankreichs. (K)

Kingena. Die Schale erreicht eine Größe von 2 bis 3 cm und hat einen fast kreisrunden Umriß. Sie ist glatt und rippenlos, nur Wachstumslinien sind zu sehen. Das Foramen ist groß. Weltweites Auftreten in Schichten der Kreide; die Stücke kommen aus der Kreide von Texas. (K)

Pygope. Ein großer, eigenartig geformter Brachiopode. Sein Umriß gleicht einem Dreieck mit bis zu 8 cm Kantenlänge. Die Schalenränder sind fast senkrecht stehend. Mitten durch das Gehäuse verläuft eine tiefe Furche, die zu einer Schalenperforation weiterleitet. Bei manchen Formen führt dies zu einer zweilappigen Schalenform. Verbreitet in Schichten des Jura und der Kreide Europas, Leitfossil in den Alpen; die Stücke stammen aus Verona. (K)

Hemicidaris
Pygurus
Pseudodiadema
Holectypus
Nucleolites
Pygaster
Acrosalenia
Stomechinus
Balanocidaris
Pedina
Clypeus

Stamm Echinodermata

Von den acht Klassen dieses Stammes treten nur vier, die Echinoidea, Crinoidea, Asteroidea und Ophiuroidea, fossil auf. Zu ihm gehören so bekannte Tiere wie Seestern und Seeigel, und alle leben im Meer. Die meisten Mitglieder der Echinodermata verfügen über ein kalkiges Außenskelett mit fünfzähliger Symmetrie. Ein weiteres wichtiges Merkmal ist das interne Wassergefäßsystem, ein mit Flüssigkeit gefülltes Kanalsystem, das mit den extern an der Körperoberfläche befestigten Ambulacralfüßchen kommuniziert. Letztere sorgen für Fortbewegung, Nahrungsfang und Atmung.

Die Klasse der Echinoidea, der Seeigel, besitzt ein Außenskelett mit runder, ovaler oder herzförmiger Aufsicht. Es besteht aus an einer Zick-Zack-Naht verbundenen Kalkplatten, die beim lebenden Tier mit Stacheln bewehrt sind. Die Stachelbesetzung variiert von dicht über igelartig bis schütter, aber keulenartig. Die Kalkplatten sind in Bändern angeordnet, die das Skelett bei vielen Gattungen umgeben; bei manchen Formen sind diese Bänder verkümmert. Dabei wechseln schmale Plattenbänder, die Ambulacralfelder (sie tragen die Füßchen) mit breiteren, den Interambulacralfeldern, ab. Beide Reihen laufen vom Mundfeld, dem Peristom, auf der Unterseite des Skeletts zum Afterfeld, dem Periprokt, auf der Skelettoberseite. Bei manchen irregulären Seeigeln liegen Mund- und Afterfeld exzentrisch.

Die Ambulacralplatten sind mit kleinen Öffnungen perforiert, in denen die Ambulacralfüßchen stecken. Anders dagegen die porenlosen Interambulacralplatten, die jedoch Warzen tragen, an denen die Stacheln befestigt sind. Das Skelett hat bei den sog. regulären Seeigeln eine fünfzählige Symmetrie, während die irregulären Seeigel mannigfache Formen entwickeln: So verändert sich der runde Umriß hin zu ovalen oder herzförmigen Umrissen; Mundfeld und Afterfeld werden exzentrisch verlagert; und die Ambulacralfelder werden kürzer und blütenblattähnlich – das Skelett bekommt eine bilaterale Symmetrie. Die irregulären Seeigel leben auch in speziellen Habitaten, etwa in Grabgängen, während die regulären, runden Seeigel auf dem Meeresboden leben. Daneben gibt es auch sehr flache, scheibenartige Formen, die nicht verdriftet werden. Die Echinoidea gibt es schon seit dem Ordovizium; sie sind häufige Tiere in den heutigen Weltmeeren.

Die Crinoidea, die Seelilien, sind häufige Fossilien aus dem Paläozoikum und Mesozoikum und können sogar in manchen Kalksteinen gesteinsbildend auftreten. Wegen ihres zerbrechlichen Körperbaus gelingt es kaum einmal, ganze Exemplare zu finden. Der Weichkörper bewohnt einen Kelch aus Calcit, der aus einer Basalplatte und Radialplatten besteht, und der von einem am Boden mittels ‚Wurzeln' haftenden, gegliederten Stiel gehalten wird. Der Kelch selbst verfügt über verzweigende Tentakeln und eine Afterröhre. Die Nahrungsteilchen werden mit Hilfe von Cirren der kleineren Tentakeln entlang von Furchen hinunter zum Mund befördert. Manche Crinoiden sind freischwimmend, andere klammern sich an Wasserpflanzen. Im Kambrium tauchten bereits die ersten Crinoiden auf, und es gibt sie heute noch.

Von der Klasse der Asteroidea, Seesterne, sind ganze Fossilien sehr selten überliefert, meist sind nur Bruchstücke bekannt. Sie haben fünf Arme (oder Vielfache davon), die kurz, gedrungen, lang und spitz sein können, und von einer zentralen Scheibe ausgehen. An ihren Unterseiten verlaufen Ambulacralfurchen, in denen die Füßchen sitzen. Seesterne gibt es seit dem Ordovizium bis rezent.

Die Ophiuroidea, Schlangensterne, sind sehr grazile Geschöpfe. Das Skelett besteht aus zarten Gliedern, die gegen die kleine Zentralscheibe hin plattig werden, an den biegsamen Armen aber rundlich sind. Obwohl sie fossil eher selten sind, können an manchen Stellen ihre Bruchstücke in ansehnlicher Zahl gefunden werden. Seit dem Ordovizium bis rezent.

Jura- und Kreide-Echinodeen

Nucleolites. Ein irregulärer Seeigel mit leicht herzförmigem Skelett von kleiner bis mittlerer Größe. Die Ambulacralfelder sind blütenförmig, und auf den Interambulacren befinden sich viele kleine Warzen. Bilaterale Symmetrie; das Mundfeld liegt vorne. In Schichten ab dem mittleren Jura bis in die Oberkreide von Europa. (K)

Acrosalenia. Das Skelett hat einen runden Umriß und weist in den Interambulacralfeldern sehr große Warzen auf. Die schmalen Ambulacren haben kleinere Warzen. Die zentrale Lage von Mund- und Afterfeld stellt ihn zu den regulären Seeigeln. *Acrosalenia* findet man in Jura- und Kreideschichten Europas und Afrikas. (K)

Hemicidaris. Das Skelett ist fast rund, pentagonal symmetrisch und hat einen zentral liegenden Periprokt, der von leicht erhabenen Platten gesäumt wird. Auf der Oralseite sind größere Warzen. Die Gattung findet man in Schichten ab dem Unterjura bis Oberkreide in Asien, Afrika, Europa und Nordamerika. (K)

Pedina. Regulärer Seeigel von fast kugeliger Gestalt und typischer fünfzähliger Symmetrie, die von Mund- und Afterfeld ausgeht. Das Skelett ist abgeplattet und mit kleinen Warzen übersät. Dieser Seeigel findet sich in Sedimentschichten ab dem Jura bis ins Miozän von Europa, Afrika und Südamerika. (K)

Holectypus. Die Draufsicht ist kreisförmig, die Seitenansicht dagegen halbkreisförmig. Die orale Seite dieses irregulären Seeigels ist konkav oder eben, und der Periprokt liegt auf der Seite. In der Mundfeldseite liegen größere Warzen, während die Ambulacralfelder gerade sind. In Schichten ab dem unteren Jura bis in die Oberkreide in Europa, Nordamerika, Kuba, Iran, Nordafrika, Japan und Venezuela. (K)

Lapworthura

Clypeus. Mittelgroßes bis großes, sehr flaches Skelett. Die Ambulacren sind blütenförmig, während die Interambulacren mit Reihen kleiner Warzen bestückt sind. Die Gattung tritt im Jura von Europa, Afrika und Australien auf. (K)

Pygaster. Mittlere bis große Gattung mit einer ovalen Öffnung auf der Seite des Afterfeldes. Grob fünfstrahlige Form des Skeletts, das mit kleinen flachen Warzen bedeckt ist. Breite Interambulacralfelder. *Pygaster* tritt in Jura und Kreide Europas auf. (K)

Pygurus. Das pentagonale Skelett ist etwas abgeflacht. Die Ambulacren haben längliche Poren an ihren Außenrändern. Der Mund liegt zentral, während vom rückwärtigen Afterfeld ein Rücken zu ihm hin verläuft. Dieser irreguläre Seeigel kommt weltweit in Schichten der Kreide bis ins Eozän vor. (K)

Pseudodiadema. Typischer regulärer Seeigel mit zentralem Mund- und Afterfeld und durchgehenden Ambulacren. Starke Warzen als Stachelansatz. In Jura- und Kreideschichten von Europa, Nordafrika, Indien, den USA und Brasilien. (K)

Stomechinus. Reguläre Gattung von kleiner bis mittlerer Größe. Die schmalen Ambulacralfelder tragen zwei Reihen Warzen. Die Interambulacren sind lose mit Warzen bedeckt. Der zentrale Mund liegt in einem großen Peristom. In jurassischen Schichten von Europa, Nordafrika, den USA und Brasilien. (K)

Balanocidaris. Zwei keulenförmige Stacheln dieser Gattung sind hier abgebildet. Sie zeigen die typische schmale Basis sowie die geschwollene Form mit länglichen Riefen. Aus dem Jura von Europa, Ägypten, Nordafrika, Japan und Kalifornien. (K)

Lapworthura. Diese Gattung gehört zu den Schlangensternen und hat enge Beziehungen zu heute lebenden Tieren, hatte aber seine Zeit im Ordovizium und Silur. In Schichten dieses Alters in England, Schottland und Australien. (K)

Micraster cortestudinarium
Micraster decipiens
Echinocorys
Micraster gibbus
Holaster
Cardiaster

Palaeocoma. Bekannte Gattung der Schlangensterne mit dünnen Armen und relativ kleinem Zentralkörper, der nur bis 2 cm groß wird. Die Arme bestehen aus diamantförmigen Platten. *Palaeocoma* ist heutigen Schlangensternen sehr ähnlich und lokal nicht selten; in Jura- und Kreideschichten Europas. (L)

Kreide- und Tertiär-Echinoidea

Holaster. Irregulärer Seeigel von leicht herzförmiger Gestalt. Der After liegt nahe der Spitze des Skeletts, der Mund vorne. Die Unterseite ist bedeckt mit großen Warzen, die Oberseite dagegen mit sehr kleinen. Die Poren sind länglich und schlitzartig. Die breiten Interambulacralfelder alternieren mit leicht blütenförmigen Ambulacren. Weltweit verbreitet ab der Unterkreide bis ins Eozän. (K)

Echinocorys. Irregulärer Seeigel mit einem etwas größeren, hohen und unterseitig flachen Skelett. Der Mund liegt auf der Vorderseite, während der After auf der Unterseite im hinteren Teil liegt. Ein leichter Rücken verläuft zwischen Mund und After; die geraden Ambulacren haben runde Poren. Auf den breiten Interambulacralfeldern sitzen kleine Warzen. Die Gattung findet sich in Schichten der Oberkreide von Europa, Kleinasien, Georgien (Kaukasus), Madagaskar, Nordamerika und Kuba. (CP)

Cardiaster. Mittlerer bis großer, irregulärer, herzförmiger Seeigel mit durchgehenden und geraden Ambulacren. Mund und After liegen beide dezentral. In Kreideschichten von Europa. (K)

Micraster. Gattung irregulärer Seeigel, die in der Kreide häufig vorkommt. Das mittelgroße und herzförmige Skelett hat blütenförmige Ambulacralfelder mit runden Poren. Auf der Vorderseite befindet sich direkt über dem Mund eine tiefe Furche; der After liegt hinten ziemlich hoch am Skelettkörper. Das etwa ovale bis dreieckige Areal zwischen Mund und After heißt Plastron, es hat sich aus dem hinteren Ambulacrum entwickelt. *Micraster* hat eine gut erforschte Ahnenreihe durchlaufen, die zur Stratigraphie der mittleren und oberen Kreide verwendet wird. Drei Arten davon sind abgebildet: *M. cortestudinarium*, in Feuerstein erhalten; *M. decipiens* sowie *M. gibbus*. Die Lage des Afters sieht man gut bei *M. decipiens*. Die Gattung tritt auf in der Oberkreide und reicht bis ins Paläozän; weltweit. (HST, K)

Dendraster. Irreguläre Gattung mit eiförmiger Gestalt und blütenförmigen Ambulacren. Der After befindet sich seitlich. Gegabelte Nahrungsfurchen. In Schichten ab dem Pliozän in den USA. (C)

Lovenia. Herzförmig, mit blütenförmigen Ambulacren auf der Hinterseite und einem geraden Ambulacrum vorne. Auf dem Interambulacralfeld sind vertiefte Warzen; das Peristom liegt vorne. Im Eozän von Australien. (C)

Palaeocoma

Dendraster

Lovenia

Camerogalerus
Conulus
Stigmatopygus
Parmulechinus
Cidaris
Schizaster
Hemipneustes
Phymosoma
Stereocidaris
Clypeaster

Küstenkliff aus Kreidekalken

Kreide- und Tertiär-Echinoidea und Asteroidea

Metopaster

Camerogalerus. Rundes Skelett mit flacher Oralseite und hochkegeliger Spitze. Die Ambulacren sind schmal und durchgehend, die Interambulacren sind breit. In kreidezeitlichen Schichten Europas. (K)

Conulus. Irreguläre Gattung mit flacher Oralseite, über die sich domartig das Skelett aufwölbt. Gerade Ambulacren, die Interambulacren tragen zahlreiche kleine Warzen. Der Mund liegt zentral, während sich der After seitlich am Skelett befindet. In Sedimentschichten der Oberkreide von Europa, Afrika, Nordamerika und Asien. (K)

Stigmatopygus. Kleine Gattung mit kreisrundem Grundriß und spitzkegeligem Skelettaufbau. Aus der Kreide von Indien, Europa und Afrika. (K)

Parmulechinus. Seine befremdlich wirkende, scheibenartige Form ist tatsächlich fast zweidimensional. Zentrales Mundfeld. Aus dem Oligozän von Europa und Nordafrika. (K)

Cidaris. Regulärer Seeigel mit etwa kugeliger, mittelgroßer Gestalt und typischer pentagonal-radiärer Symmetrie. Die Ambulacren sind schmal und bestehen aus einfachen Platten, die paarweise angeordnete Poren haben. Jede der Interambulacren hat eine große Stachelwarze. Die Stacheln sind lang und verziert. Mund und After liegen zentral. Weltweit in Schichten ab der unteren Trias bis rezent. (K)

Schizaster. Irregulärer, herzförmiger Seeigel mit blütenförmigen Ambulacralfeldern und dezentralem Mund und After. Letzterer liegt unterhalb des zugespitzten Hinterendes. Der Mund liegt unter einer Furche am Vorderende. Weltweit verbreitet ab dem Eozän. (K)

Hemipneustes. Großer irregulärer Seeigel von eiförmiger Gestalt und hoch aufragendem, konvexem Skelett. Das vordere Ambulacrum liegt in einer Furche, und das Mundfeld befindet sich am Vorderende. Das Afterfeld liegt seitlich. In Kreideschichten des nördlichen Europa. (K)

Phymosoma. Reguläre Gattung mit rundlichem Skelett und zentralem Mund- und Afterfeld. Die Ambulacren sind durchgehend. Große Warzen, die kräftige Stacheln tragen. In Jura-und Kreideschichten Europas. (K)

Stereocidaris. Kleiner bis mittlerer, regulärer Seeigel mit kugeligem Skelett und kreisrundem Umriß. Die Warzen der Interambulacralen tragen lange, schwere Stacheln. Man findet sie selten direkt am Skelett, wenngleich sie einzeln häufig auftreten. In Schichten der Kreide bis rezent in Eurasien; die heutigen *Stereocidariden* leben im indopazifischen Raum. (K)

Clypeaster. Sehr großer irregulärer Seeigel mit ovalem Skelett, das seitlich in fünf Lappen ausläuft. Die konkave Oralseite hat breite, blütenförmige Ambulacren und ein zentrales Peristom. Der After befindet sich am Hinterende der Oralseite. Weltweit verbreitet in Schichten ab dem oberen Eozän bis rezent. (K)

Metopaster. Ein Seestern ohne Arme, der aus einem Außenring großer Platten und vieler kleiner Platten besteht, welche die ventrale und dorsale Seite bilden. Maximaler Durchmesser 6 cm. In Schichten ab der Kreide bis ins Miozän, in Europa. (JHF, K)

Küstenkliff aus Kreidekalken. Dieses große Kliff auf Korfu, Griechenland, enthält unter anderem auch Echinoideen und Mollusken.

Platycrinites
Pentacrinites
Dimerocrinites
Periechocrinus
Encrinus
Platycrinites
Woodocrinus

Crinoidea

Pentacrinites. Dieser bekannte, mesozoische Vertreter der Seelilien besitzt einen kleinen Kelch aus zwei Plattenarten. Es können viele lange Arme mit Fiederchen (Pinnulae) auftreten; Cirren sind an Kelch und Stiel vorhanden. Die Stielglieder des über einen Meter lang werdenden Stiels sind sternförmig. Meist ist *Pentacrinites* nur in Form zahlloser Stielglieder konserviert. Heutige Verwandte dieser Gattung verlassen den Meeresboden und schwimmen frei. Ab der Trias bis rezent in Europa und Nordamerika. (K, L)

Encrinus. Ziemlich niedriger breiter Kelch mit gut erkennbarer fünfzähliger Symmetrie. Die gefiederten langen Arme sind an der Basis sehr kräftig. Der Stiel hat einen runden Querschnitt. Sehr häufig in der Germanischen Trias, sonst in Europa (außer England) in der mittleren bis oberen Trias. (K)

Dimerocrinites. Kegelförmiger, bis 3 cm großer Kelch mit fiederchenbesetzten Armen. Der lange schlanke Stiel besteht aus runden Stielgliedern. In Schichten des Mittelsilur bis Mitteldevon. (K)

Platycrinites. Gekennzeichnet durch einen platten, gedrehten Stiel und einen tassenförmigen Kelch. Die Kelchbasis baut auf zwei großen Platten auf, während eine kleine Platte und die Arme gefiedert sind. In Sedimentschichten des Devons und Karbons von Europa und Nordamerika. (K)

Periechocrinus. Der konische Kelch erreicht einen Durchmesser von 6 cm und fußt auf drei Basalplatten. Die Arme sind verästelt, und der Stiel hat einen runden Querschnitt. Verbreitetes Auftreten im Mittelsilur von Europa. (K)

Woodocrinus. Der kleine Kelch sitzt auf einem Stiel aus runden Stielgliedern. Die kräftigen Arme vierteilen sich nach kurzer Strecke. Der kurze Stiel spitzt sich zu und ist wurzellos. Aus dem europäischen Karbon. (CP)

Scyphocrinites. Eine Seelilie mit einem großen Kelch und vielen Wurzelverzweigungen. Sie hält sich mit Hilfe von knolligen ‚Schnellhaftern' am Boden fest. Im Bild sieht man Details von Kelch und Armen. Die Gattung lebte vom Obersilur bis ins Devon und tritt fossil in Europa, Nordamerika, Nordafrika und Asien auf; das Fundstück stammt aus dem nordafrikanischen Devon. (C)

Macrocrinus. Der kleine Kelch hat gerade oder konkave Wände und zwischen 12 und 20 Arme, von denen man hier die Fiederchen sieht. Bekannte Gattung aus dem Unterkarbon der USA. (C)

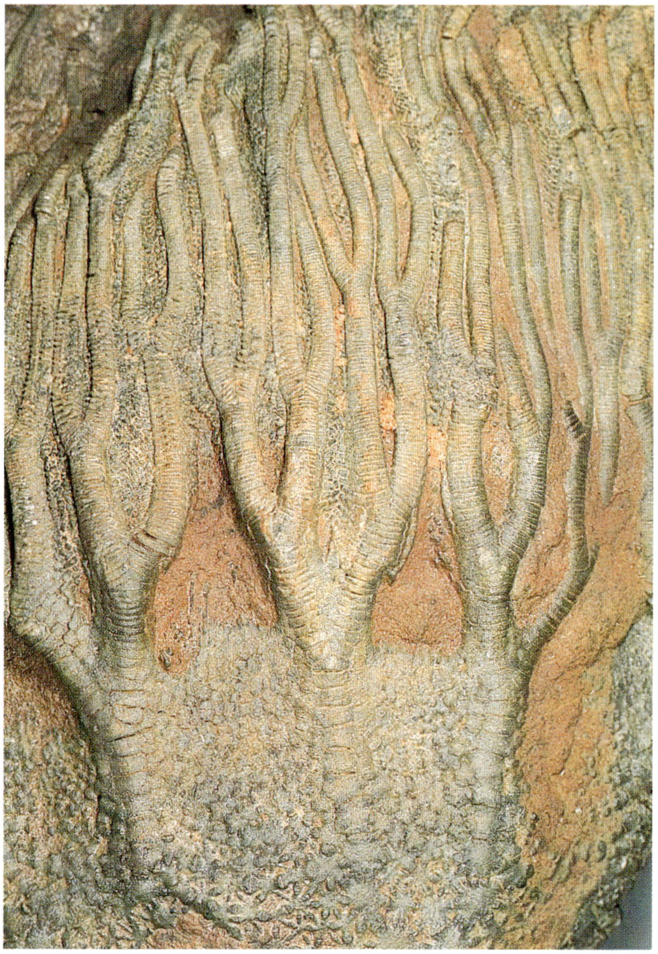

Scyphocrinites

Macrocrinus

Climacograptus und *Diplograptus*

Glyptograptus

Dictyonema

Phyllograptus

Dictyonema

Phyllograptus

Monograptus

Monograptus

Didymograptus

Didymograptus

Monograptus

Stamm Hemichordata
Klasse Graptolithina

Graptolithen sind ausgestorbene, marine, kolonienbildende Organismen. Ihre Grundstruktur ist recht einfach. Das gesamte Kolonieskelett, das Rhabdosom, besteht aus einem oder mehreren Ästen, den Stolonen, die kleine tassenförmige Kelche, die Theken, tragen, in denen das einzelne Tierchen wohnte. Die Theken zeigen eine große, gattungs- und artenabhängige Variabilität. Jene mit Theken zu beiden Seiten der Stolonen heißen biserial, die mit Theken auf nur einer Seite monoserial. Ein Rhabdosom ist gewöhnlich nur einige Zentimeter lang. Die ältesten dendroidalen Graptolithen, z.B. *Dictyonema*, haben viele sehr kleine miteinander verbundene Stolonen in Form eines Netzes, das bei der lebenden Kolonie konisch geformt war, bei der Fossilisation aber zu einem Dreieck gepreßt wurde. Sie lebten vermutlich benthonisch. Im frühen Ordovizium erschienen planktonische Formen mit nur wenigen Stolonen und größeren Theken.

Die Graptolithen entwickelten sich rasch zu einer gewaltigen Formenvielfalt, was sie vielfach zu Leitfossilien prädestiniert. Insbesondere im Silur mit seinen feinkörnigen Schlamm- und Tonsteinen wurden ihre feinstrukturierten Reste hervorragend konserviert und als feinste kohlige Abdrücke oder Pyrithäutchen fossilisiert. Nur in Ausnahmefällen blieben Raumstrukturen der Graptolithen erhalten; aufgrund solchen Fossilmaterials konnten letztlich mikroskopische Detailstudien erfolgen.

Climacograptus. Biseriale Form mit sigmoidalen Theken, die nach oben hin geöffnet sind. Wahrscheinlich planktonisch lebend, und senkrecht im Wasser stehend. Unteres Ordovizium bis Untersilur, weltweit. (K)

Diplograptus. Biseriale Gattung mit sigmoidalen Theken, die einander überlappen. Wahrscheinlich planktonisch, aufrecht im Wasser schwimmend. Vom unteren Ordovizium bis ins Untersilur, weltweit. (K)

Dictyonema. Erreicht 2 bis 25 cm Größe und hat ein konisches, netzartiges Rhabdosom von dreieckigem Grundriß. Die vielen Stolonen sind durch Querdissepimente verbunden. Vermutlich benthonisch lebend; weltweit verbreitet ab dem Oberkambrium bis ins Karbon. (K)

Monograptus. Monoseriales Rhabdosom von 3 bis 75 cm Länge. Die Theken variieren stark zwischen den vielen Arten dieser Gattung, von einfach über hakig zu sigmoidal. Die Stolonen können gerade, gekrümmt oder gerollt sein. Ab dem unteren Silur bis ins Unterdevon weltweit verbreitet. (CP, K)

Didymograptus. Charakteristisches, aus zwei Stolonen gebildetes, gegabeltes Rhabdosom. Die einfachen, röhrenförmigen Theken sind monoserial angeordnet. Diese 2 bis 60 cm große Gattung lebte planktonisch, und ihre Fossilien finden sich weltweit in ordovizischen Schichten. (K)

Glyptograptus. Biseriale Gattung mit gekrümmten Theken, die nach vorne hin gerader werden. Lebensweise vermutlich planktonisch; weltweite Verbreitung vom unteren Ordovizium bis ins untere Silur. (K)

Phyllograptus. Vier weite blattartige Stolonen, die sich zu einem quadriserialen Rhabdosom zusammenlegten; einfache Röhrentheken. Weltweit verbreitet in ordovizischen Schichten. (K)

Monograptus. Dieses scharfe Detailfoto zeigt die Graptolithenstruktur sehr gut. Das einzige Stolon hat spitze Theken, was dem Ganzen die Form eines Sägeblatts gibt. Damit ist es ein monoserialer Graptolith. Die pyritische Auskleidung des Fossils verleiht ihm ein räumliches Erscheinungsbild. (CP)

Graptolithenschiefer. Graptolithen wurden wegen ihrer feinen Strukturen meist nur in sehr feinkörnigen Sedimenten konserviert, wie in diesen ordovizischen Schwarzschiefern an der walisischen Küste.

Graptolithenschiefer

Monograptus

Euestheria

Glyphea

Hoploparia

Euphorberia

Stamm Arthropoda

Dieser Tierstamm hat als Kennzeichen ein deutlich gegliedertes Außenskelett, das im Zuge des Wachstums wiederholt abgeworfen werden muß. Es besteht aus Chitin und Proteinen sowie eingelagertem Calcit oder Calciumphosphat. Die Symmetrie ist bilateral und gewöhnlich sind paarig angeordnete, segmentierte Extremitäten zur Fortbewegung und anderen Zwecken vorhanden. Sie verfügen über ein gut entwickeltes Nervensystem, das das Gehirn über Nervenbahnen mit den Segmenten verbindet. Ein Herz pumpt Blut durch ein Gefäßsystem. Es sind einfache oder zusammengesetzte Augen vorhanden. Einige Gruppen benutzen Kiemen zum Atmen, andere atmen durch die Körperoberfläche.

Die heutigen Arthropoden sind der zahlenstärkste Tierstamm, der alle irdischen Environments von der Tiefsee bis zur Luft erobert hat. Sie leben in trockenheißen Zonen genauso wie in den Kältewüsten.

Die ersten Arthropoden erscheinen im Kambrium mit der sehr bedeutenden Unterklasse der Trilobita (S. 151). Die andere Unterklasse, die Crustacea (mit den Branchiopoda und Xanthoidea = Krabben) und die Chelicerata (mit den Eurypteriden, Chilopoden und Limuliden) sind an manchen Fundstellen keine Unbekannten im Kreis der Fossilien. Der Stamm umfaßt unter anderem Insekten, Spinnen, Tausendfüßer, Krebse, Krabben, Ostracoden und Skorpione.

Glyphea. Kleiner, garnelenartiger Dekapode mit fünf Paar Extremitäten, die am Fossil gelegentlich fehlen. Der Körper wird von einem Rückenpanzer mit körniger Oberfläche geschützt; der Kopf liegt hier im Bild rechts. Meist wird eine Körperlänge von 4,5 cm erreicht. Ihre Verbindung zu den Spurenfossilien *Thalassinoides* führte zu der Annahme, daß sie diese Abdrücke verursachen (s. S. 170). Ab der oberen Trias bis zur Kreide in Schichten Europas, Grönlands, Ostafrikas, Australiens und Nordamerikas; Fundstück aus dem Oberjura von Nordengland. (L)

Euproops

Archaeogeryon

Pterygotus

Pterygotus

Euestheria. Gehört zur Klasse der Branchiopoda der Unterklasse Crustacea. Die Branchiopoden haben mannigfache morphologische Merkmale, bei dieser Gattung ein zweischaliger Panzer, der der Schale eines Mollusken ähnelt, da er sogar ‚Wachstumslinien' von der Häutung zeigt. Etwa 1 cm lang. In den Ablagerungen von Trias und Jura, weltweit. (K)

Hoplaparia. Ein Krebs aus dem südenglischen Eozän. Die Gliederfüße sind deutlich sichtbar. Wie Krabben sind auch Krebse häufig in Tongeoden eingeschlossen. Länge 6 cm. (JHF)

Euphorberia. Ein Chilopode, verwandt mit den heutigen Hundert- und Tausendfüßern. Dieser Fund wurde in einer Eisensteingeode gemacht. Der längliche Körper sowie die schlanken Extremitäten sind sichtbar. Im Oberkarbon von Europa und Nordamerika. (S)

Archaeogeryon. Eine fossile Krabbe aus dem Miozän Südamerikas. Fossilien dieser Arthropoden sind in bestimmten Schichten nicht selten, wobei sie meist in Tonknollen konserviert werden. (L)

Euproops. Verwandt mit der Hufeisenkrabbe. Das Abdomen trägt Pleuralrücken, die den flachen Rand überqueren und zu kurzen Dornen werden. Das Fundstück zeigt die dorsale Seite mit den Wangenstacheln, die sich bis zur Hälfte der Thoraxlänge hinziehen. Etwa 4 cm lang und in einer Knolle konserviert. Die Gattung findet sich im Karbon und Perm Europas und Nordamerikas. Das Stück stammt aus dem Oberkarbon von Staffordshire, England. (S)

Pterygotus. Gattung der Eurypteriden, skorpionartiger Tiere einer paläozoischen aquatischen Fauna. Die großen Augen und die starken Vorderzangen sprechen für fleischfressende Lebensweise. Die restlichen Beine dienten der paddelnden Fortbewegung. Diese Arthropoden erreichten eine Länge bis 1,5 m. Das große Fossil rechts stammt aus Schottland. (L, RMS)

Mesolimulus. Ein fossiler Schwertschwanz aus dem deutschen Jura. Diese Gattung ist gekennzeichnet durch den großen Rückenschild und einen langen, spitzen Schwanz. Die mittlere Größe liegt bei 12 cm (wie dieser Fund), maximal sind 25 cm möglich. In Schichten des Devon bis rezent. (L)

Mesolimulus

Elrathia
Paradoxides
Olenellus
Angelina
Angelina
Asaphus
Asaphellus
Niobella
Platycalymene
Asaphellus
Illaenus

Eodiscus

Ogygopsis

Stamm Arthropoda
Unterstamm Trilobita

Die Trilobiten entwickelten als eine der ersten Gruppen ein hartes Außenskelett. Sie erschienen bereits im Unterkambrium und existierten bis ins Perm. Fossile Trilobiten dienen als Leitfossilien im Kambrium. Das komplexe Außenskelett konnte eingerollt werden, vermutlich für Verteidigungszwecke. Die verschiedenartigen Dornen und Beulen mancher Arten sollten wohl auch Angreifer (Nautiloideen, andere Trilobiten) vertreiben, was anhand angebissener und zerstörter Skelette vermutet wird. Das Außenskelett besteht aus drei Lappen, dem axialen Zentrallappen und den beiderseitig anschließenden berippten Lappen, den Pleuren. Von vorne nach hinten unterscheidet man das Cephalon (Kopfschild) mit zentraler Glabella und Augen, den Thorax (Brustschild) sowie das Pygidium (Schwanzschild). Während des Wachstums häutete sich das Tier und erzeugte (theoretisch) viele Fossilien von sich selbst. Oft findet man unvollständige Fossilien, z.B. ein Cephalon, da das Skelett an vielen Stellen brechen konnte. Larvenformen von 0,1 bis 0,2 cm Größe wurden ebenfalls gefunden.

Die Augen sind ein besonders faszinierender Körperteil der Trilobiten. Sie bestanden aus zusammengesetzten Calcitlinsen, oft hervorragend erhalten, und lieferten vermutlich ein sehr gutes Bild. Einige Gruppen waren augenlos. Bestens erhaltene Fossilien gewähren Einblick in die Details der weichen Beinchen und Antennen (z.B. *Triarthrus*).

Die Trilobiten lebten auf dem Meeresboden, einige waren aktive Schwimmer, andere gruben sich ins Sediment ein. Sie finden sich bevorzugt in Kalksteinen und Schiefertonen.

Kambrische und ordovizische Trilobiten

Elrathia. Etwa 3 cm lang. Das Cephalon ist größer als das Pygidium, das fünf Segmente hat; Thorakalsegmente sind es dreizehn. Die Glabella trägt schwache Furchen; die Augen befinden sich nahe der Glabella. Häufig in Schichten des Kambriums von Nordamerika. (K, L)

Paradoxides. Er wird bis 50 cm lang und ist damit einer der größten Trilobiten. Der Thorax zählt über 15 Segmente, und die Pleuren enden in langen Stacheln. Die Wangenstacheln können die halbe Körperlänge übertreffen. Die sichelförmigen Augen sind groß. Der Thorax spitzt sich zu einem sehr kleinen Pygidium zu. Im Kambrium von Europa, dem östlichen Nordamerika, Südamerika, Türkei und Nordafrika; das Fundstück kommt aus Deutschland. (JHF)

Olenellus. Etwa 8 cm lang. Der Thorax, dessen Pleuren zu Stacheln auslaufen, ist zweiteilig. Das Cephalon ist halbkreisförmig und trägt Wangenstacheln; die Augen sind groß und halbmondförmig. Die Glabella ist gefurcht, das Pygidium sehr klein. In kambrischen Schichten von Nordamerika, Grönland und Schottland; Fundstück aus British Columbia. (K)

Asaphus. Wird bis 8 cm lang und hat acht Thorakalsegmente. Dreieckiger Kopfschild mit abgerundeten Wangenwinkeln. Das große Pygidium hat keinen Saum. In ordovizischen Schichten Nordwesteuropas; Fundstück aus Oslo. (K)

Angelina. Länge bis 5 cm, mit 15 Segmenten auf dem Thorax. Die Wangenstacheln ziehen sich fast bis zum Pygidium hinunter, das nur 4 Segmente aufweist und klein erscheint. In ordovizischen Gesteinen Europas; das Fundstück stammt aus Nordwales. (K)

Asaphellus. Bis 10 cm lang; der Thorax hat acht Segmente. Cephalon und Pygidium sind etwa gleich groß, letzteres weist eine sehr schwache Segmentierung auf. Kleine Augen. Im Ordovizium von Südamerika, China, England und Wales; das Fundstück stammt aus Shropshire, England. (K, L)

Niobella. Kann über 10 cm lang werden und hat acht Thorakalsegmente. Cephalon und Pygidium sind groß, letzteres hat eine deutliche Segmentierung. Die Augen sind groß. In ordovizischen Schichten von Europa und Nordamerika; das Fundstück stammt aus Nordwales. (S)

Illaenus. Erreicht 5 cm Größe und hat 10 Thorakalsegmente. Deutliche Furchen verlaufen parallel zueinander seitlich des Axiallobus in das Cephalon hinein. Die Achse des Pygidiums ist sehr kurz. Cephalon und Pygidium sind recht groß und glatt, letzteres hat keine Ornamentierung. Weltweite Verbreitung im Ordovizium; das Fundstück kommt aus Oporto, Portugal (K)

Platycalymene. Wird bis 10 cm lang, der Thorax weist 11 bis 13 Segmente auf. Die Glabella hat paarige Furchen, und die kleinen Augen liegen seitlich am Cephalonrand. Die Pygidiumachse erreicht fast den Rand, das Pygidium ist dabei kleiner als das Cephalon. Das Fundstück kommt aus Wales, und die Gattung wird außer in England noch in Schweden gefunden. (S)

Ogygopsis. Dieser Trilobit hat viele Segmente und ein schmalrandiges Pygidium, das größer als das Cephalon ist. Die Glabella ist lang und gefurcht. Die Augen sind länglich, und kurze Wangenstacheln stehen seitlich ab. Die Gattung wird bis 8 cm lang und tritt in kambrischen Schichten Nordamerikas auf; das Fundstück ist aus dem berühmten Burgess-Schiefer, British Columbia, Kanada. (W)

Eodiscus. Eine blinde Gattung mit schmaler Glabella, die tiefe Seitenfurchen aufweist. Sie hat drei Thorakalsegmente; Pygidium und Cephalon sind etwa gleich groß. *Eodiscus* wird 8 cm lang, wird oft bruchstückhaft gefunden und tritt häufig im Kambrium von Europa und dem östlichen Nordamerika auf. Das Fundstück stammt aus Südwales. (W)

Ellipsocephalus

Ogigiocarella

Paradoxides und *Peronopsis*

Agnostus

Peronopsis

Agnostus. Blinde Gattung sehr kleiner Trilobiten von maximal 1 cm Länge. Der Thorax hat zwei Segmente, das Pygidium drei oder vier. Eine breite Furche durchzieht die Glabella, die etwa so groß wie das Pygidium ist. Beide haben einen breiten Saum. *Agnostus* findet sich meist in Bruchstücken. Weltweit verbreitet in Tiefseesedimenten kambrischen Alters; Handstück aus Vastergotland, Schweden. (W)

Ogyginus. Kann bis 4 cm lang werden und hat acht Thorakalsegmente. Cephalon und Pygidium sind gleich groß und die Wangenstacheln sind gut entwickelt, wenngleich am Fossil oft abgebrochen. Große Augen. Im Ordovizium von Europa. (W)

Ogigiocarella. Manche Skelette wurden bis 8 cm groß. Der breite Kopfschild ist relativ kurz und die Glabella ist bei der Hälfte eingeschnürt. Das Pygidium ist größer als das Cephalon. Die Thoraxachse ist sehr schmal. Seitlich stehen große Augen. Verwirrung herrschte lange wegen verschiedener Namen (*Ogigia, Ogigiocaris*). Im Ordovizium von Europa und Südamerika. (W)

Peronopsis. Sehr kleine Gattung mit nur zwei Thorakalsegmenten; Cephalon gleich groß wie Pygidium. Im Bild etwa 0,8 cm lang. Die Glabella hat zwei Lappen, zum Pygidium hin besteht eine deutliche Grenze. Aus dem Mittelkambrium von Europa, Sibirien und Montana, USA. (K)

Paradoxides und Peronopsis. Diese Foto zeigt den extremen Größenunterschied dieser beiden Trilobitengattungen. Der kleine blinde *Peronopsis* mit seinen 0,8 cm gegenüber nur einem Teil des 30 cm langen, stacheligen *Paradoxides*. Fundstücke aus Südwales bzw. Montana. (K)

Solenopleura. Das Skelett hat 14 Thorakalsegmente und ein breites Pygidium mit 7 oder 8 Segmenten. Das Cephalon ist gleichmäßig gebogen und hat einen mäßig breiten Saum. Die sich verjüngende Glabella hat eine tiefe Furche um sich herum. Aus dem Mittelkambrium von Europa, Asien, Neuseeland und Nordamerika. (W)

Meneviella. Dieses Handstück bildet das Cephalon ab, das ein Viertel der Körperlänge dieser Gattung einnimmt. Es zeichnet sich durch radialstrahlige Riefen aus, wie hier zu sehen ist. Die stumpfkegelige Glabella besteht aus drei Segmenten. In mittelkambrischen Schichten Großbritanniens, Dänemarks, Asiens und Ost-Nordamerikas. (W)

Ellipsocephalus. Dieser Trilobit hat 12 Thorakalsegmente und ein kleines breites Pygidium. Das große Cephalon trägt eine deutliche Glabella. Die Gattung tritt im Unterkambrium von Europa, Nordafrika und Australien auf; das Handstück aus Jince, CSFR, zeigt drei Exemplare, von denen eines als Abdruck existiert. (W)

Ogyginus

Solenopleura

Meneviella

Parabolinella
Trinucleus
Placoparia
Cryptolithus
Flexicalymene
Placoparia
Triarthrus
Bettonolithus
Trinucleus

Leonaspis

Proteus

Encrinurus

Ordovizische und silurische Trilobiten

Parabolinella. Er wird 5 cm lang und hat 20 Thorakalsegmente. Das Pygidium ist sehr klein im Gegensatz zum Cephalon mit seinen langen Wangenstacheln. Die Augen befinden sich nahe der Glabella-Vorderseite. Die Gattung findet sich Schichten des Ordoviziums von Europa, Nord- und Südamerika; das Fundstück kommt aus Shropshire, England. (K)

Placoparia. Diese Gattung wird bis 4 cm lang und hat 11 oder 12 Thorakalsegmente. Vom Pygidium stehen vier stumpfe Stacheln ab. Die gerade begrenzte Glabella erweitert sich etwas nach vorne. Die Funde, von denen ein Tier eingerollt ist, stammen aus Santa Justa (Portugal). Im Ordovizium von Europa und Nordafrika. (K)

Trinucleus. Die Gattung wird bis 3 cm lang, der Thorax weist sechs Segmente auf. Die Glabella hat einen sehr deutlich abgesetzten Frontallappen. Die sehr langen Wangenstacheln fehlen meist am Fossil. Das sehr große Cephalon hat einen Saum radiärer Riefen. Das Pygidium ist kurz aber breit. Gewöhnlich in ordovizischen Schichten in England, Wales und der UdSSR. Das Fundstück stammt aus Wales und besteht aus vielen Teilbruchstücken. (K)

Cryptolithus. Eine kleine Gattung von 1,5 cm Länge. Der Thorax besteht aus 6 Segmenten, und das relativ lange Cephalon trägt seitlich lange Wangenstacheln. Die schmale Glabella wird nach vorne hin breiter. Die Grenze zum Cephalon hat radiäre Furchen. Das Pygidium ist kurz und breit. In Schichten des Ordoviziums von Europa und Nordamerika. Das Fundstück stammt aus Pennsylvania. (K)

Triarthrus. Dieser Trilobit hat 12 bis 16 Thorakalsegmente und wird bis 3 cm lang. Das halbkreisförmige Cephalon hat einen breiten Saum. Die Augen sind sehr klein, und die Glabella weist zwei Paar tiefe Furchen auf. Das kleine, dreieckige Pygidium hat etwa fünf Segmente. Diese Gattung gewann ein besonderes Interesse, da von ihr Fossilien mit Extremitäten gefunden wurden. Weltweit in ordovizischen Schichten; Fundstück aus New York, USA. (K)

Flexicalymene. Die Gattung kann bis 10 cm lang werden und hat 12 bis 15 Thorakalsegmente. Das Cephalon hat eine tiefgefurchte Glabella, die größer ist als das dreieckige Pygidium. Häufig in Schichten des Ordoviziums und Silurs von Europa und Nordamerika; Fundstück aus Cincinnati, Ohio. (K)

Bettonolithus. Das Stück stammt vom Kopfschild einer kürzlich neubenannten Gattung. Sein breiter Saum weist zahlreiche Perforationen auf und der große Zentrallappen ist von den seitlichen durch Furchen getrennt. In mittelordovizischen Schichten von England. (K)

Proteus. Er wird bis 3 cm lang und hat zwischen acht und zehn Thorakalsegmente mit deutlichen Pleuralfurchen. Die Glabellafurchen sind dagegen schwach. Das Pygidium ist halbkreisförmig. Vom Ordovizium bis ins Karbon reichend, weltweit; Fundstück aus dem Devon Deutschlands. (W)

Leonaspis. Maximale Größe 2 cm. Sehr stacheliges Äußeres mit Wangen- und Pleurenstacheln. Er hat acht bis zehn Thorakalsegmente. Tritt auf ab dem Silur bis ins Devon von Europa, Nord- und Südamerika, Asien und Australien. (W)

Encrinurus. Das Skelett hat 12 Thorakalsegmente und wird bis über 5 cm lang. Das Cephalon ist größer als das Pygidium, und die Glabella ist mit deutlichen Warzen bedeckt. Die Augen sitzen auf langen Stielen. Weltweites Auftreten ab dem Ordovizium bis ins Devon. (W)

Dalmanites

Scutellum

Eocyphinium

Silurische, devonische und karbonische Trilobiten

Dalmanites. Das selten bis 8 cm lange Skelett findet man oft nur in Bruchstücken. Es hat große Augen, und das Cephalon ist so groß wie das Pygidium, das am Ende einen kurzen Stachel trägt. Die Wangenstacheln schmiegen sich dicht an. In Schichten des Silurs und Devons in Europa, der UdSSR, Nordamerika und Australien. (CP)

Scutellum. Im Handstück sieht man das Pygidium, das wie kaum bei einem anderen Trilobiten radiale Rippen aufweist, die vom Verbindungspunkt mit dem Thorax ausstrahlen. Unter dem herausgebrochenen Skelettstück sieht man die feinen konzentrischen Ringe der darunterliegenden Oberfläche. Weltweit in silurischen und devonischen Schichten. (W)

Eocyphinium. Er gehört zu einer Gruppe von Trilobiten, die oft *Phillipsia* genannt wird. Das Cephalon ist fast dreieckig, der Thorax zählt zehn Segmente. Die Oberfläche ist mit groben Pusteln übersät. Im Unterkarbon von Europa. (W)

Calymene. Der Trilobit hat 12 Thorakalsegmente und wird bis 10 cm lang. Das Cephalon ist größer als das Pygidium, das aus sechs Segmenten besteht. Die Glabella hat runde Lappen; zwischen ihr und dem Rand des Cephalons zieht sich eine tiefe Furche hin. Große Augen. In silurischen und devonischen Schichten von Europa, Nord- und Südamerika und Australien. (W)

Trimerus. Kennzeichnend sind die sehr undeutlich abgesetzten Längslappen und die sehr breite Thoraxachse. Das Cephalon ist saumlos, und das Pygidium ist groß und von dreieckigem Umriß. Weltweite Verbreitung in Schichten des Silurs und Devons. (JHF)

Acidaspis. Dieses Fundstück zeigt ein ziemlich zerbrochenes Cephalon, das, wenn vorhanden, eine sich verjüngende Glabella mit drei Paar Laterallappen aufweist. Der Thorax hat zehn Segmente; am Saum des gepustelten Pygidiums setzen Stacheln an. Gattung vom mittleren Ordovizium bis ins Mitteldevon Europas und Nordamerikas. (W)

Bumastus. Die maximale Größe kann 10 cm sein, meist jedoch ist er kürzer und fragmentiert. Die sehr breite Achse des Thorax nimmt Dreiviertel der Thoraxbreite ein. Cephalon und Pygidium sind gleich groß, glatt und rundlich. Die Glabella ist unklar abzugrenzen. In silurischen Sedimentschichten Europas und Nordamerikas. (W)

Calymene

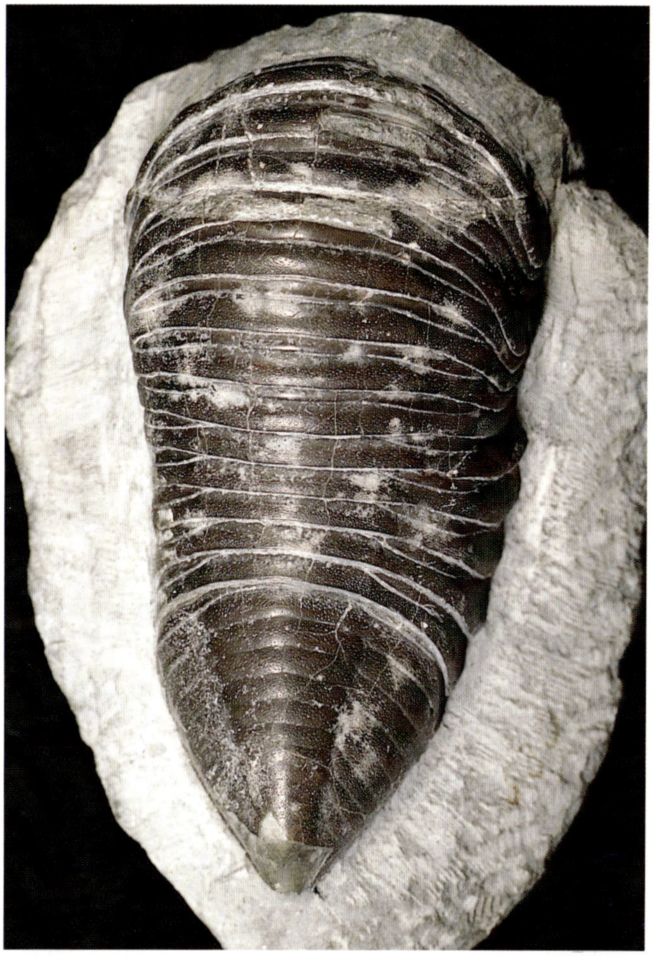
Trimerus

Acidaspis

Bumastus

Megalichthys
Paramblypterus
Elonichthys
Elonichthys
Megalichthys
Rhizodopsis

Cephalaspis

Bothriolepis

Fische

Fossile Fische sind relativ häufig zu finden. Fossilisierfähig sind vor allem die Schuppen, das Skelett (bei vielen Gattungen) und die Zähne. Eine kurze Übersicht über die Evolution der ganzen Gruppe soll die im folgenden gezeigten Beispiele besser einordnen helfen.

Die ersten Fische waren die kieferlosen **Agnatha**, zugleich auch die ersten Vertebraten (Wirbeltiere). Statt eines Kiefers hatten sie ein einfaches Mundloch. Man kennt sie ab dem Ordovizium, ihre Blüte hatten sie dann im Silur und Devon. Eine Gruppe, die *Osteostraci*, hat einen flachen Schädel und eine schwer gepanzerte Brust. Der Schädelschild ist außer den Augen- und Nasenhöhlen durchgehend gepanzert. Vermutlich waren sie Bodenbewohner und konnten schlecht schwimmen. Die *Heterostraci*, eine andere Gruppe, hat paarige Nasenlöcher und Augen seitlich ihres knochengepanzerten Schädels. Die einzigen Nachfolger dieser alten Fischformen sind in Neunauge und Schleimfisch zu sehen.

Während des Devons starben die Agnathen aus und wurden von den **Gnathostomata** abgelöst, den Kiefermündern. Damals existierten vier Gruppen, von denen einige bis heute Nachfahren haben. Die *Acanthodii* (Stachelhaie) ähnelten äußerlich den heutigen Fischen, waren aber stachelbewehrt und primitiv durch das Fehlen von Hautknochen an den Kieferrändern. Der Körper war bedeckt mit vielen kleinen, diamantförmigen Schuppen, der Schädel mit kleinen Platten. Sie erschienen im Obersilur und lebten bis ins Perm. Die *Placodermi* (Panzerfische) sind eine andere wichtige Gruppe, die während des Devons in Meer- und Süßwasser lebte. Sie waren mit schweren Platten am Schädel gepanzert. Die flache Körperform vieler von ihnen läßt auf bodenbewohnende Lebensweise schließen. Sie hatten paarige Gliedmaßen. Die meisten waren von kleinem Wuchs, wenngleich *Titanichthys* über 9 m lang wurde. Sie waren sehr erfolgreich und breiteten sich im Devon weltweit aus. Allerdings blieb nur eine Handvoll im Karbon übrig.

Die *Chondrichthyes* (Knorpelfische) sind eine weitere Gruppe, die im Devon erschien und ihre Blüte im Karbon und Perm erlebte. Nur eine geringe Zahl erreichte den Jura. Und *Lamna* und *Charcarodon* kennen wir fossil aus Kreide und Tertiär. Zu ihnen gehören u.a. auch die Haie und Rochen. Die Haut war mit kleinen scharfen Schuppen überzogen und der Mund lag unterseitig. Sie lebten räuberisch und verfügten über scharfe, spitze Zähne zum Zerreißen ihrer Opfer. Die Knorpel ihrer Skelette blieben kaum erhalten, wenngleich einige Gruppen Calciumverbindungen in den Knorpeln ablagern konnten. Die Fossilreste dieser Gruppe beschränken sich daher auf Zähne und Stacheln.

Die vierte bedeutende Gruppe der Kiefermünder sind die *Osteichthyes* (Knochenfische), eine höchst erfolgreiche Gruppe, die sich durch selektive Anpassung in eine Vielzahl von Typen, die heute noch existieren, entwickelte. Die *Actinopterygii*, die Strahlenflosser, atmeten durch Kiemen und entfalteten sich allmählich während des Paläo- und Mesozoikums und verlegten sich durch ihre Wendigkeit hauptsächlich auf Beutefang. Ihre paarigen Flossen erlaubten ihnen hervorragend zu steuern, ab- und aufzutauchen und zu beschleunigen, während die Rückenflosse ausbalancierte. Die *Holostei* haben mehr knochige Platten als Schuppen und entwickelten sich Anfang des Mesozoikums, räumten aber ab dem Jura das Feld zugunsten der *Teleostei*, den eigentlichen Knochenfischen. Sie sind die fortschrittlichsten Fische der Actinopterygii und repräsentieren die heutigen Fische von ca. 24000 Arten.

Die *Sarcopterygii* sind eine weitere Knochenfischgruppe mit fleischigen Flossen. Sie waren zahlreich im Devon und Karbon vertreten, und zu ihnen gehörten einmal die *Dipnoi* (Lungenfische), zum andern die *Crossopterygii*, die Quastenflosser. Von den Lungenfischen existieren heute noch drei Gattungen in tropischen Süßwassergebieten. Die Quastenflosser haben andere Skelette als die Lungenfische und sind Fleischfresser. Detailstudien an ihren fossilen Vorfahren verrieten starke Ähnlichkeiten mit den ersten Amphibien, den Labyrinthodonta. Während des Devons entwickelten sich die Crossopterygier hin zu allgemeinen Süßwasserarten im Jungpaläozoikum. Im Mesozoikum verloren sie immer mehr an Bedeutung und überlebten in der sehr ungewöhnlichen Art *Latimeria* vor der Küste Madagaskars.

Megalichthys. Bekannte Gattung der Crossopterygier aus dem Karbon, die bis 2 m lang, aber meist kleiner und bruchstückhaft gefunden wird. Rhombische Schuppen und lappige, paarige Flossen; die Schwanzflosse ist diphyzerk (symmetrisch zur Wirbelsäule). Die Fundstücke stammen aus dem Oberkarbon von Staffordshire; das obere Stück ist Teil des Skeletts, das untere Bild zeigt die rhombischen Schuppen. (S)

Paramblypterus. Gattung der Actinopterygier aus dem Oberkarbon. Die Flossen sind dreieckig, die Schuppen rhombisch. Der Schwanz ist heterozerk, wobei die Wirbelsäule durch den oberen Flossenlappen geht. Aus einer Knolle des Oberkarbons von Deutschland. (S)

Elonichthys. Gehört zu den Actinopterygiern. Das Handstück aus Staffordshire, England, zeigt die Hälften einer Knolle mit dem Fossil. Die Schuppen sind rhombisch, der Schwanz ist, bei kompletten Funden, tief eingeschnitten heterozerk. Dreieckige Flossenform. Unterkarbon bis oberes Perm. (S)

Rhizodopsis. Gattung der Crossopterygier. Schlanker Körper mit kräftigen rhombischen Schuppen. Die paarigen Flossen sind lappenförmig, der Schwanz ist heterozerk. *Rhizodopsis* lebte im Flachwasserbereich. (S)

Cephalaspis. Eine häufige Gattung der Agnathen ohne Kiefer und Flossenpaare. Sie trägt einen schwer gepanzerten Schädel mit zwei kleinen Augenhöhlen im zentralen oberen Teil. Der kleine Mund, vermutlich ein Saugmund, liegt unterseitig; dahinter ein Paar Kiemenschlitze. Die Agnatha sind die primitivsten Fische mit aalähnlichem Körperbau. Sie bewohnten den Süß- und Brackwasserbereich und lebten ab dem Obersilur bis ins Mitteldevon. Fundstück aus Angus, Schottland. (RMS)

Bothriolepis. Gattung der Placodermen mit paarigen Flossen, primitiven Kiefern und Panzerplatten an Kopf und Vorderkörper. Zwei bewegliche Knochenextremitäten sind am Körperschild zu finden. Der Rest des Körpers ist nackt, ohne Schuppen. Der Schwanz ist heterozerk, und es gibt keine Afterflosse. Im Bild sind Kopf- und Körperschilde. *Bothriolepis* lebte im Süßwasser als Schlammwühler. Weltweit verbreitet im Devon; Fundstück aus dem Oberdevon von Kanada (Scaumenac Bay). (RMS)

Ischnacanthus

Holoptychius

Gyroptychius

Ischnacanthus. Ein Acanthodier, also der erste echte Kiefernmünder. Zahlreiche kleine Zähne; der Körper ist gekennzeichnet durch zwei dorsale und drei ventrale Stacheln, im Bild schön ersichtlich. Aus devonischen Schichten bei Kinnaird, Schottland. (RMS)

Holoptychius. Gattung der Crossopterygier; heterozerker Schwanz sowie gelappte Flossen mit Hautknochen. Die Schuppen sind groß und rundlich. Maximale Größe bis 50 cm. Vorkommen ab dem Oberdevon bis ins Unterkarbon. Die Exemplare stammen von dem bekannten Fundort Dura Den in Fife, Schottland. (RMS)

Gyroptychius. Ein Crossopterygier aus dem Mitteldevon. Der schlanke Körper hat einen diphyzerken Schwanz, zwei dorsale Flossen sowie After-, Becken- und Brustflossen. Das Stück ist von Orkney, Schottland. (RMS)

Glyptolepis. Ein Crossopterygier aus dem Devon. Die Schuppen sind dünn und abgerundet, mit kleinen Warzen oder Riefen. Dieser Fund von Nairn, Schottland, ist in einer Konkretion eingebettet, wobei die Schuppen gut erhalten geblieben sind. Das Tier bewegte sich aalartig durchs Wasser. (D)

Cheirolepis. Ein Actinopterygier aus dem Mittel- bis Oberdevon mit ca. 35 cm. Er hat leicht gelappte Brustflossen. Der Körper ist bedeckt mit winzigen quadratischen Schüppchen. Eine einzelne Rückenflosse. Fundstück aus Clune, Schottland. (RMS)

Glyptolepis

Cheirolepis

Gosnitichthys

Acrolepis

Dipterus

Leptolepis

Dipterus. Ein Lungenfisch aus dem Mitteldevon von mittlerer Größe; die Lungenfische sind eine langlebige Gruppe mit heterozerkem Schwanz und knochengestützten Flossen. Die Schuppen sind dünn, rundlich und überlappend. In beiden Kiefern sind typische Mahlzähneplatten. Fund aus den Achnaharras-Fischschichten Schottlands. (RMS)

Platysomus. Gattung der Actinopterygier mit sehr hohem Körperbau, länglichen unpaarigen Flossen und dorsal-ventral gestreckten Schuppen. Spitze und kegelförmige Zähne. Vorkommen ab dem Unterkarbon bis ins Oberperm; der Fund stammt aus dem oberen Perm von Durham, England. (C)

Dapedius. Ein Holosteer aus dem unteren Jura. Dieser Fund aus Südengland zeigt die typische runde Gestalt mit einer langen Rückenflosse. Die Schuppen sind rechteckig, während der Schädel mit größeren Platten bedeckt ist. Das Maul ist voll von scharfen dünnen Zähnen. (L)

Gosnitichthys. Gehört zu den modernen Teleostei und erreicht eine Länge von ca. 50 cm. Fossilien dieser Gattung treten oft massenhaft auf Schichtflächen auf, wie hier auf einer Platte der berühmten Green River Formation in Wyoming. Diese Fossillagerstätte ist eozänen Alters; die Fische erlagen vermutlich einem plötzlichen Trockenfallen des Gewässers. (CP)

Leptolepis. Gattung der Osteichthyes (Knochenfische), heutigen Fischen sehr ähnlich. Sie ist gewöhnlich klein mit schlankem Körper. Der kleine Kopf hat einen Mund mit scharfen Zähnen. Viele Fossilien dieser Gattung treten ab der Obertrias bis in die Oberkreide in Europa, den USA, Südafrika und Asien auf. (C)

Acrolepis. Häufig finden sich große Exemplare von ca. 40 cm Länge. Der Schädel mißt fast ein Viertel des Körpers, und die Beckenflossen machen die Hälfte der Brustflossen aus. Sehr kräftige Schuppen. In karbonischen bis permischen Schichten von England, Deutschland, Afrika, der UdSSR und Grönland. Der Fund stammt aus dem Perm von Durham, England. (C)

Platysomus

Dapedius

Charcarodon
Charcarodon
Charcarodon
Lamna
Lamna
Charcarodon
Charcarodon
Oxyrhina
Rhizodus
Oxyrhina
Megalichthys
Odontaspis
Odontaspis
Ptychodus
Asterocanthus
Pliosaurus

Ichthyosaurus

Zähne

Charcarodon. Von diesem riesigen, mutmaßlich 15 m langen Hai blieben nur die dreieckigen Zähne mit den gezackten Schneiden übrig. Sie finden sich weltweit in Schichten des Tertiärs. (K, L)

Lamna. Mittlerer bis großer Hai mit Zähnen ohne gezackte Schneiden, aber mit kleineren Seitenspießen. Der rechte steckt noch im Sediment. Weltweite Verbreitung ab der Kreide bis ins Pliozän. (K, L)

Oxyrhina. Mitglied der Lamnidae (Haie). Seine Zähne unterscheiden sich von *Lamna* durch das Fehlen der Seitenzähnchen. In Kreide- und Tertiärschichten von Europa, Indien, den USA und China. (L)

Rhizodus. Fischgattung der Crossopterygier, die sehr groß wurde. Der Unterkiefer konnte einen Meter lang werden, die Zähne bis 20 cm. Gefunden in karbonischen Ölschiefern Schottlands. Weltweit verbreitet in Schichten des Oberdevons und Unterkarbons. (K)

Megalichthys. Gattung aus dem Karbon, siehe auch S. 159. (S)

Ptychodus. Dieser bekannte flache Zahn gehört einem Hai, den man in Kreideschichten von Europa, Asien, Afrika und Nordamerika findet. Die parallelen ovalen Riefen eignen sich bestens zum Zerknacken harter Muschelschalen. (L)

Odontaspis. Im Bild lange scharfe Zähne einer Haigattung, die es noch heute gibt. Sie haben kleine seitliche Spitzen. Die heutigen Vertreter der Gattung erreichen 4 m Länge. Ihre fossilen Formen kommen ab der Unterkreide in Nord- und Südamerika, Asien, Afrika, Neuseeland und Europa vor. (L)

Ceratodus

Asterocanthus. Dieser längliche, abgerundete Zahn stammt von einer Haigattung, deren Überreste ab Obertrias bis Paläozän von Europa, Mittlerem Osten, Nordafrika und Nordamerika zu finden sind. Solche Zähne dienten dem Aufknacken harter Muschelschalen. (K)

Pliosaurus. Ein Zahn eines marinen Reptils aus dem mittleren Jura, das sich aus den Plesiosauriern entwickelte und heute zu dieser Gruppe gestellt wird. Die Pliosaurier haben einen kurzen dicken Hals mit einem sehr langen Kopf (bis 3 m hoch), während der Körper 12 m Länge erreichte. (K)

Ichthyosaurus. Detailausschnitt von den kegelförmigen gerieften Zähnen dieses marinen Reptils. Fragmente der Kiefer findet man nicht selten in Jurasedimenten. Die Zähne dieses Fundes aus Südwales sind 2 cm lang. (W)

Ceratodus. Die häufigsten Fossilreste dieses Lungenfisches aus dem Mesozoikum sind seine Zähne. Wie hier zu sehen ist, sind sie in Platten eingelassen und dienten dem Aufknacken von Hartschalen. Der 2 cm lange Fund stammt aus der Trias Südenglands. *Ceratodus* ist sehr eng mit der rezenten Form *Neoceratodus* in Australien verwandt. (JM)

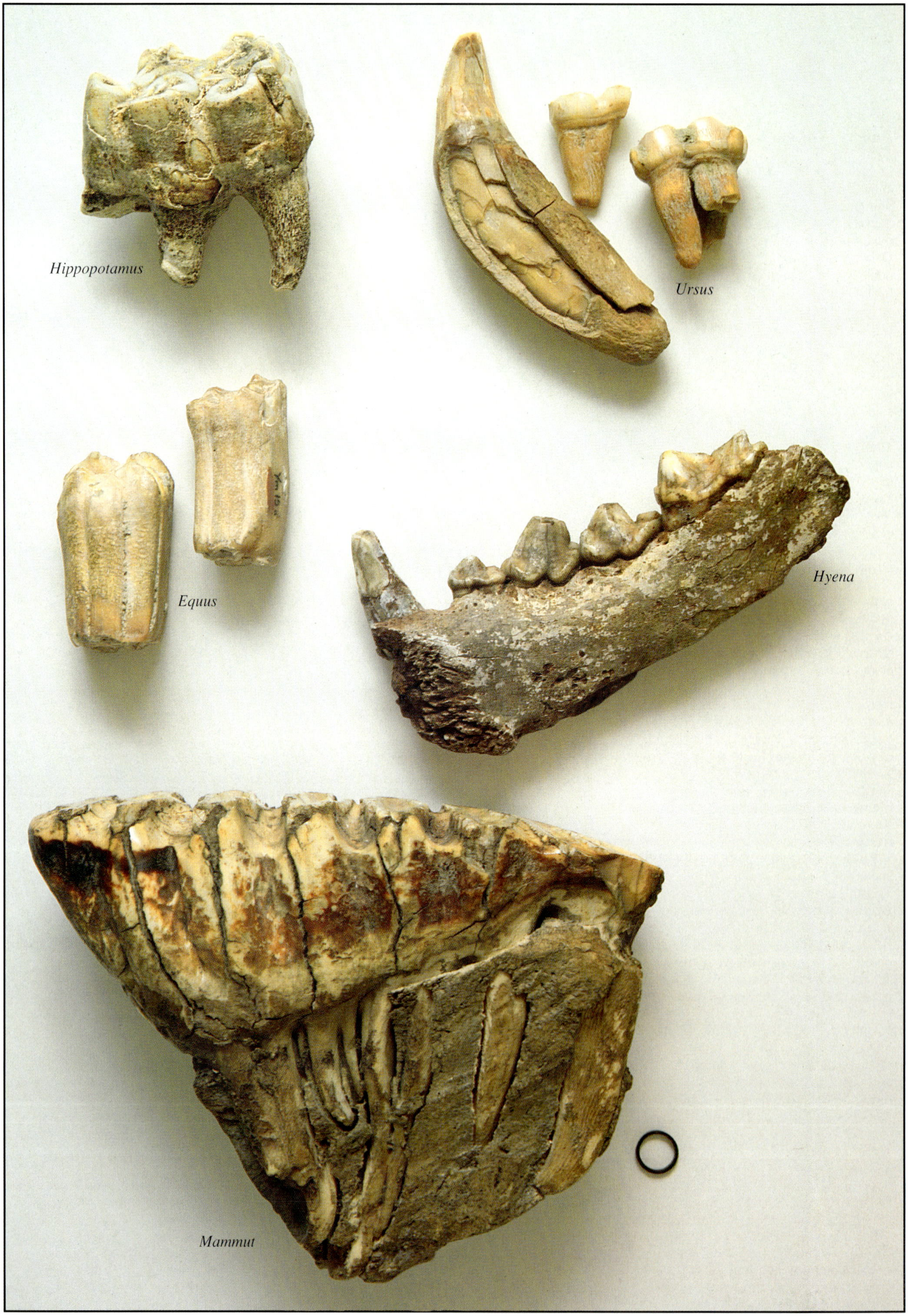
Hippopotamus
Ursus
Equus
Hyena
Mammut

Andere Wirbeltiere

Fossilien von Wirbeltieren oder Vertebraten außer den Fischen, wie etwa Reptilien, Amphibien, Vögel oder Säuger, sind nicht sehr häufig. Meist findet man nur Fragmente davon in Form von Knochen oder Zähnen. Dabei sind Fossilien von Landwirbeltieren noch erheblich seltener als die ihrer marinen Gegenstücke. Nur in einigen wenigen Gebieten Afrikas, Asiens und Nordamerikas fand man bislang riesige Knochenlager fossiler Landwirbeltiere.

Zu den bekanntesten und populärsten ausgestorbenen Landwirbeltieren zählen die Dinosaurier. Hervorragendes Fossilmaterial befindet sich in Fluß- und Seesedimenten von Jura und Kreide in Amerika, China, Zentralasien, Australien, Afrika und Europa, oft in abgelegenen Gegenden. Für den Liebhaber kann dies bedeuten, noch den einen oder anderen sensationellen Fund zu machen.

Die Dinosaurier gingen aus einer primitiven Reptiliengruppe, den Thecodonten, hervor, die sich ihrerseits im Karbon weiterentwickelten. Auch die Krokodile entstammen den Thecodonten. Man unterscheidet drei Hauptgruppen von Dinosauriern: Die Sauropodomorpha, große Pflanzenfresser wie etwa *Diplodocus*; ferner die Theropoda, eine Gruppe zweibeiniger Fleischfresser, wie etwa *Tyrannosaurus*; und die Ornithischia, sowohl zwei- als auch vierbeinig, die in Herden wie heutige Huftiere lebten. *Iguanodon* war z.B. ein großer Dinosaurier mit einem riesigen kräftigen Daumenstachel, den er wohl für eigene Handreichungen und zur Verteidigung einsetzte. Zwei sehr spezialisierte Gruppen sind einmal die flugfähigen Pterosaurier, und zum andern die marinen Reptilien, wie Plesiosaurier und Ichthyosaurier, die fossil gut belegt sind.

Fossilien von Säugetieren erscheinen erst später als die der Reptilien, frühestens in der Trias. Die ersten Säuger sind sehr klein, nach Art der Spitzmäuse, und ihre Reste finden sich oft nur in Form von Schädeltrümmern. Bis in die Kreide sind Säugerfossilien eher dünn gesät, erst im Tertiär nehmen sie stark zu. Einige Fundstellen, wie etwa die Grube Messel bei Darmstadt, enthalten zwar reichlich Säugetiere, doch ist ihre Identifizierung aufgrund der fragmentarischen Erhaltung nicht immer einfach. Eiszeitliche Flußsedimente sind auch eine reiche Quelle für Säugetierskelette oder Zähne (Mammuts), während Knochen von Walen in marinen Schichten ab dem Miozän vorkommen.

Landwirbeltiere

Hippopotamus. Dieser Fund ist ein Eckzahn aus dem Oberkiefer eines Flußpferdes. Die unteren Eckzähne werden noch größer. Diese Gattung erschien im Obermiozän von Asien und Afrika und breitete sich während der Zwischeneiszeiten in Europa aus. Funde wie diese sind in glazialen Flußgeröllen nicht ungewöhnlich. (S)

Iguanodon

Temnospondyl

Ursus. Diese Zähne gehörten einem Höhlenbären und bestehen aus langen Eckfangzähnen, Schneidezähnen und Molaren. Solche Reste finden sich oft in Höhlensedimenten. Diese Stücke stammen aus einer pleistozänen Höhle in Devon, England. (K)

Equus. Molaren von der Gattung Pferd haben quadratische Kronen mit einem sehr komplexen Kauflächenmuster. Zur Gattung gehören nicht nur unsere Pferde, sondern auch Zebras und Esel. Zähne wie diese findet man in jungtertiären und rezenten Sedimenten von Europa, Afrika, Asien, Nord- und Südamerika. (K)

Hyaena. Der Unterkiefer der Höhlenhyäne, gefunden in Pleistozänsedimenten, mit typischem Carnivorengebiß zum Knochenzerbeißen. Oberes Miozän bis rezent in Europa, Afrika und Asien. (K)

Mammut. Ein massiger Fossilfund, ein Fragment der Backenzähne. Diese bestehen aus vielen verbundenen Segmenten, die Rücken auf dem unteren Kiefer ausbilden und sehr effektive Kauwerkzeuge darstellen. Diese großen Fossilien treten in Pleistozänablagerungen, oft Flußsedimenten, in Europa, Asien, Afrika und Nordamerika auf. (S)

Iguanodon. Diese Fossilfunde aus Sussex, England, sind von einem Schwanzwirbel (*links*) bzw. stellen einen Zehenknochen dar. Dieser Dinosaurier wurde 10 m hoch und ging beidfüßig. Er war ein häufiges Tier der Kreide Europas und lebte vermutlich in Herden, was die zahlreichen Skelettfunde in Belgien und Deutschland annehmen lassen. (HST)

Temnospondyl. Ein sehr seltenes Fossil, stellt es doch das älteste vollständige Amphibienskelettt dar. Solche Funde sind oft der Lohn für fleißiges, gewissenhaftes Suchen, ob Liebhaber oder Professor. Dieses Fundstück von 40 cm Länge auf einer Kalksteinplatte kommt aus dem Unterkarbon von Lothian, Schottland, und zeigt den Schädel, das Rückgrat und die Gliedmaßen einschließlich der zerbrechlichen Füße. Interessant ist auch, daß kein Hinweis auf ausschließlich marine Lebensweise ersichtlich ist. (RMS)

Balaena
Myliobatus
Ichthyosaurus
Ichthyosaurus
Argillochelys
Ichthyosaurus

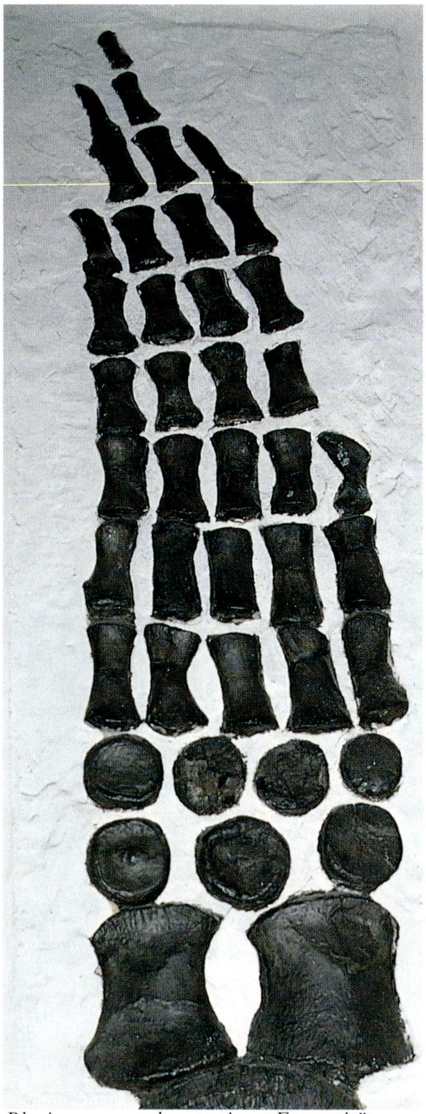

Plesiosaurus, rekonstruierte Extremität

Plesiosaurus, Wirbel

Plesiosaurus, Rippen

Marine Wirbeltiere

Balaena. Die gekrümmten Gehörknochen der Wale sind nicht selten in Schichten des Miozäns und jünger. Diese und ähnliche Gattungen sind vollmarin und weisen viele Fischmerkmale auf, nicht unähnlich vielen mesozoischen marinen Reptilien. Die ersten Wale erscheinen im Eozän, und die heutigen Formen, die zu den intelligentesten Säugern gerechnet werden, entwickelten sich ab dem Miozän. (S)

Myliobatus. Eine Gattung der Rochen; dieser Fund stammt aus dem Eozän Südenglands. Das abgebildete Stück ist Teil der unteren Zahnplatte und gehört zu den am ehesten zu findenden Körperteilen des Fisches. Diese Platten dienten in Reihen zum Nahrungszerkauen. Typisch gerunzelte Oberfläche. Heutige Myliobaten leben in warmen Gewässern und fressen Mollusken, deren Schale sie mühelos zermalmen können. Fossilien dieser Gattung kennt man aus Neuseeland, Asien, Europa, Afrika und Nordamerika. (HST)

Ichthyosaurus. Drei Fragmente dieses herrlichen stromlinienförmigen mesozoischen Reptils sind auf der Platte zu sehen. Ein Schädel im Schnitt, rechts von ihm ein Stück paddelförmige Flosse, und unten im Bild ein Doppelkieferstück mit Zähnen dieses Fleischfressers. Fundstücke wie die hier gezeigten findet man immer wieder im marinen Jura, aber auch Wirbelsäulenteile und andere Skelettbruchstücke. Ausgesprochene Glücksfunde wie das Skelett eines trächtigen Weibchens mit Embryonen im Leib sind aus der berühmten Fossillagerstätte von Holzmaden bei Stuttgart bekannt geworden. (K)

Argillochelys. Dieses Fossil ist der Oberschenkelknochen einer Meeresschildkröte aus dem Eozän Südenglands. Erstes Auftreten im Oberjura von Europa mit anschließender Ausbreitung in der Unterkreide nach Nordamerika und Asien, im Miozän auch nach Afrika. Häufig findet man Teile des Rückenschilds. (HST)

Plesiosaurus. Ziemlich große Meeresreptilien, die länger als 10 m werden können, aber meist um die 3 m lang sind. Sie sind nicht so fischähnlich wie die Ichthyosaurier, sondern haben einen gedrungenen Körper mit starken Rippen, wie sie im Bild zu sehen sind. Fundstück aus dem Unterjura von Nord-Yorkshire, England. (Wh)

Plesiosaurus, Wirbelknochen. Oft findet man von *Plesiosaurus* nur einen Knochen und ein kurzes Wirbelstück, da das ganze Skelett nach dem Tode meist zerstört wird. Größe etwa 10 cm. (D)

Plesiosaurus, rekonstruierte Extremität. Die paddelförmige Extremität diente dem effektiven Antrieb. Diese Tiere bewegten ihre ‚Paddel' heftig auf und ab, ähnlich den heutigen Pinguinen. Fossilien von *Plesiosaurus* sind häufige Bestandteile jura- und kreidezeitlicher Schichten in vielen Teilen der Erde; dieser Fund stammt aus dem Unterjura von Nord-Yorkshire, England. (Wh)

Imbrichnus
Cruziana
Serpula
Rotularia
Lithophaga
Skolithus
Scolicia

Satapliasaurus

Thalassinoides

Spurenfossilien

Sedimentschichten enthalten eine Vielfalt an Strukturen, wovon ein Teil anorganischen, physikalischen Ursprungs ist, der andere aber eindeutig auf die Tätigkeit oder Anwesenheit von Organismen zurückgeht. Diese Spurenfossilien können als Sedimentstrukturen aufgrund biogener Aktivitäten definiert werden. Zu ihnen zählen Spuren und Fährten, Abdrücke, Grabgänge, Fraßspuren, Schlafplätze und Exkremente. Eine Reihe von Lebewesen kommen als Spurenverursacher in Frage, unter anderem auch Würmer, Mollusken, Arthropoden und Wirbeltiere. Spurenfossilien spielen besonders in der Paläoökologie, der Erforschung einstiger Lebensgemeinschaften und -zusammenhänge, eine wichtige Rolle - etwa wenn wir eine Fährte oder einen Grabgang mit heutigen, äquivalenten Merkmalen vergleichen. Daneben sind sie hervorragende ‚Oben-Unten'-Kriterien für den Geologen zur Bestimmung der einstigen Lagerungsverhältnisse der Gesteinsschichten. Wurden Gesteinsserien beispielsweise verfaltet und umgestürzt, läßt sich dieser tektonische Vorgang anhand von Fährten an Schichtunterflächen oder umgekippten Grabgängen nachweisen.

Spurenfossilien werden in der Regel als Abdruck oder Ausgußform gefunden. Letztere entsteht durch die Ausfüllung eines Abdrucks mit feinem Sediment. Den Spurenfossilien werden wie den Organismenarten wissenschaftliche Namen verliehen. Der Name eines Grabgangs unterscheidet sich von dem seines Verursachers, ja oft kennt man gar nicht die gegenseitige Beziehung. Wurmgrabgänge sind häufige Spurenfossilien. Die Grabgänge sind meist senkrecht in die Schichtfläche hineinragende Röhren, die oft mit einer Nuance anders gefärbtem Sediment als die Schicht verfüllt sind. Manche sind u-förmig und können mit den Grabwerken von Amphipoden (Flohkrebse) verwechselt werden. Der genaue Wurmtyp, der die Röhre grub, ist oft nicht ermittelbar, wenngleich einige Arten wie die Serpuliden (sie hinterlassen feste Kalkröhren) oder Terebelliden (mit Schalensplittern ausgekleidete Röhren) leicht identifizierbar sind. Arthropoden wie die Trilobiten und Krabben hinterlassen eine Reihe typischer Fährten. Viele Trilobiten suchten Freßplätze auf, um dort in Resten am Meeresboden herumzustöbern. Dieses Verhalten verursachte ganz spezifische Spurenmuster. *Cruziana* sind geradlinige Trilobitenfährten mit schiefwinkligen Kratzern. *Rusophycus* ist eine kleine Vertiefung im Sediment, die vielleicht als Schlafplatz diente. Krabben erzeugen senkrechte Grabungen, die an der Basis waagrecht sind. Muscheln wie *Mya* graben sich tief ins Sediment ein, ebenso der Brachiopode *Lingula*. Diese Grabgänge enthalten oft auch noch das Gehäuse ihres Erbauers. Gastropoden grasen oft den Meeresgrund ab, und ihre Kriechbahnen finden sich häufig auf Schichtflächen. Zu den bestbekannten Spurenfossilien im nichtmarinen Bereich gehören unter anderem die Fußabdrücke großer Reptilien sowie fossile Exkremente (Koprolithe). Der Untersuchung von Fußabdrücken widmet sich die Ichnologie, eine Spezialdisziplin der Paläontologie. Aus den Fußabdrücken und Fährten kann man auf Zwei- oder Vierbeinigkeit, Laufgeschwindigkeit und Gewicht des Tieres rückzuschließen.

Imbrichnus. Eine Ausgußform, die parallel zur Schichtfläche verläuft, 0,5 bis 1 cm Durchmesser aufweist und vermutlich auf kleine Mollusken zurückgeht. Aus dem Oberjura von Südengland. (K)

Cruziana. Freßplatzspuren von Trilobiten. Dieser Fund stammt aus dem Ordovizium von Rennes, Frankreich, und zeigt die typischen Kratzer. (K)

Rotularia. Spiralröhren von Polychaeten (Würmer) aus Kalkausscheidungen. Aus dem Eozän von Sussex, England. (K)

Serpula. Wurmröhren der Serpuliden, oft auf den Schalen großer Mollusken angeheftet. Aus der Kreide von Hastings, England. (K)

Grabröhren. *Lithophaga*, eine Muschel, schafft solche runden Grabröhren; die kleinen Röhren stammen von Polychaeten. Aus den Mendip Hills, England. (K)

Skolithus. Dieser Fund zeigt einen Querschnitt durch Wurmgrabgänge; Quarzit aus dem Kambrium von Sutherland, England. (CP)

Skolithus

Scolicia. Die großen gekrümmten Strukturen sind Kriechbahnen von Schnecken. Sandstein aus dem Karbon von West Yorkshire, England. (K)

Satapliasaurus. Der Fußabdruck eines zweibeinigen Dinosauriers aus dem mittleren Jura von Yorkshire, England. Der Eindruck entstand in nassem Sand, als das Tier über Marschland ging. Das Fundstück ist ein positiver Ausguß der Fährte durch feines Sediment. Abdrücke aus diesem Gebiet variieren zwischen 10 und 60 cm Länge; dieser ist 15 cm lang. (JM)

Thalassinoides. Diese Schichtfläche aus dem mittleren Jura ist übersät mit verästelten und Y-förmigen Grabröhren, vermutlich verursacht von einem zehnfüßigen Krebs. Solche Grabgänge wurden in weichem Sediment unmittelbar unter dem Meeresboden angelegt. Der Krebs *Glyphea* (S. 148) wurde fossilisiert in derartigen Röhren gefunden, die besonders im Wattbereich auftreten. (C)

Skolithus. Zwei Meter einer Riffwand aus kambrischem Quarzit mit senkrecht verlaufenden Wurmröhren. Diese Röhren sind im Querschnitt auf der Tafel links zu sehen. Das Sediment entstand vermutlich im Wattbereich.

Ergänzende und weiterführende Schriften

Bell, P. & Wright, D. (1987): Gesteine und ihre Mineralien finden und bestimmen.- Stuttgart.

Benes, J. & Burian, Z. (1980): Tiere der Urzeit.- Hanau.

Beurlen, C. (1973): Welche Versteinerung ist das?- Stuttgart.

Fleißner, H. & Rödiger, A. (1984): Das ewige Meer.- Stuttgart.

Lichter, G. (1986): Fossilien bergen, präparieren, ausstellen.- Stuttgart.

Matthes, S. (1990): Mineralogie.- 3. Aufl., Berlin, Heidelberg, New York.

Moody, R. (1987): Fossilien finden und bestimmen.- Stuttgart.

Murawski, H. (1983): Geologisches Wörterbuch.- 8. Aufl., Stuttgart.

Murray, J. W. (Hrsg., 1990): Wirbellose Makrofossilien.- Stuttgart.

Nield, E. W. & Tucker, V. C. T. (1985): Palaentology – An Introduction.- Oxford, New York, Toronto, Sydney, Frankfurt.

Pinna, G. (Hrsg., 1976): Fossilien in Farbe.- München.

Richter, A. E. (1981): Handbuch des Fossiliensammlers.- Stuttgart.

Rösler, H. J. (1979): Lehrbuch der Mineralogie.- Leipzig.

Schmidt, K. (1972): Erdgeschichte.- Berlin, New York.

Vangerow, E.-F. (1973): Grundriß der Paläontologie.- Stuttgart.

Vogel, G. & Angermann, H. (1990): dtv-Atlas zur Biologie.- München.

Wimmenauer, W. (1985): Petrographie der magmatischen und metamorphen Gesteine.- Stuttgart.

Woolley, A. R., Bishop, A. C. & Hamilton, W. R. (1985): Der Kosmos-Steinführer.- Stuttgart.

Zeil,W. (1990): Allgemeine Geologie-. 14. Aufl., Stuttgart.

Stichwortregister

Gesteine

Minerale

Fossilien